湖泊生态红线区域环境管理对策研究

杨俊 魏琳 著

中山大学出版社
SUN YAT-SEN UNIVERSITY PRESS

·广州·

图书在版编目（CIP）数据

湖泊生态红线区域环境管理对策研究 / 杨俊，魏琳著 . — 广州：中山大学出版社，2016.10
ISBN 978-7-306-05887-4

Ⅰ . ①湖… Ⅱ . ①杨… ②魏… Ⅲ . ①湖泊—生态环境—区域环境管理—研究—中国 Ⅳ . ① X524

中国版本图书馆 CIP 数据核字 (2016) 第 257537 号

湖泊生态红线区域环境管理对策研究

hu po sheng tai hong xian qu yu huan jing guan li dui ce yan jiu

出 版 人：徐　劲
策划编辑：陈　露
责任编辑：赵爱平
封面设计：沈　力
责任校对：秦　夏
责任技编：沈　力
出版发行：中山大学出版社
电　　话：编辑部 020-84111996，84113349，84111997，84110779
　　　　　发行部 020-84111998，84111981，84111160
地　　址：广州市新港西路 135 号
邮　　编：510275　　　传　真：020-84036565
网　　址：http：//www.zsup.com.cn　　　E-mail：zdcbs@mail.sysu.edu.cn
印 刷 者：虎彩印艺股份有限公司
规　　格：787mm×1092mm　1/16　14.25 印张　188 千字
版次印次：2016 年 10 月第 1 版　　　2016 年 10 月第 1 次印刷
定　　价：42.00 元

目 录

第一章 研究背景及意义

第一节 研究背景

2011 年《国务院关于加强环境保护重点工作的意见》（国发〔2011〕35 号）中首次以国务院文件形式出现"生态红线"概念并提出划定任务，旨在遏制当前生态环境持续恶化的趋势，建立国家生态安全格局；2013 年习近平总书记在中央政治局第六次集体学习时再次强调，要牢固树立生态红线的观念，严守生态红线；此外，同年底召开的中共中央十八届三中全会更是将划定生态保护红线摆在重要位置，划定生态红线已成为推进当前生态文明建设的重要任务。2014 年环境保护部根据《国务院关于加强环境保护重点工作的意见》（国发〔2011〕35 号）完成并出台了《国家生态保护红线——生态功能基线划定技术指南（试行）》（环发〔2014〕10 号，以下简称为《指南》），该《指南》作为我国首个生态保护红线划定的纲领性技术指导文件，对生态功能红线的定义、特征以及划定的流程、方法等都做了具体规定，为中央和地方生态红线的划定工作提供了参考依据。自《指南》出台以来，青海、江苏、四川、湖北等多个省份都已开展了生态红线划定工作。

"红线"是个形象化概念，从空间管控的角度上讲，它泛指不可逾越的边界或者禁止进入的一个范围。"红线"这一概念原本起源于城市规划，因为在批准相关建设地块的过程中，政府有关规划部门一般是用红笔圈在图纸上，因而才被称作"红线"。生态保护红线实质上是一种为保护生态环境而不可逾越的底线，具体包括生态功能保障基线、环境质量安全底线和自然资源利用上线，可分别简称为生态功能红线、环境质量红线和资源利用红线。这种"红线"的划定和坚守对于维护一定区域内甚至整个国家的生态安全具有重要作用。

然而有效保障生态保护红线不被逾越、确保红线的划定及落地，需要的是红线区域环境管理政策的执行与制度保障。在各地生态基础红线划定之后，区域环境管理政策的建立即是当前红线体系建立的关键。为了能使得生态红线体系能更好地发挥环境保护作用，红线区域环境管理政策必须以既有的城市规划及土地利用现状相结合，与城市环境管理相衔接，制定全区覆盖的分级分区环境管理政策及措施。

近年来，武汉市已制定了《武汉都市发展区1∶2000基本生态控制线落线规划》，将基本生态控制线范围和形成的生态保护范围进一步划分为"生态底线区"和"生态发展区"两个层次，出台《武汉市基本生态控制线管理规定》，实现对生态底线区及发展区的分区严格管控。与此同时针对各类环境要素达标体系出台的各类保护条例、规划也相继出台，如《武汉市中心城区湖泊"三线一路"保护规划》以及《湖北省湖泊保护条例》，给湖泊水体划定了水域保护线、绿化控制线及滨水建设控制线，并提出相应的控制及管理要求。

本研究将在此基础上，以武汉市区域城市建设及基本生态线等各类限建或限开发政策为研究基点，总结各类"红线"相关条例及管理规划，从区域环境准入机制、区域监管、区域补偿机制以及区域考核及责任追究机制政策等多个角度，梳理现有的湖泊管理红线政策，融合各项条例及规划，围绕区域准入、区域补偿以及责任追究开展武汉市生态红线区域内的环境政策研究。该研究将对武汉市建立生态红线区域环境保护政策及制度起到前瞻性技术支撑作用。

第二节　研究内容及方法

1. 研究对象

生态红线作为一个整体概念包容了环境保护区域的各类元素。武汉市拥有丰富的水资源，具有"江城""东方威尼斯"之美称。市内江河纵横，湖泊遍布，水面总面积占到全市总面积的 25%，其中 166 个大小湖泊水面面积达 942.8 平方公里，居全国同类城市之首。湖泊水资源保护也是武汉市区域环境保护永恒不变的主题，也是生态红线的重要保护区域。由此，本研究将以湖泊生态红线的管理为抓手，以湖泊基本生态线区域的管理为基础，开展生态红线区域的环境管理对策研究。

2. 研究内容

（1）搜索武汉市现有红线的相关管理制度、条例，梳理制度中相关环境保护政策，综述武汉市红线划定及管理现状。

（2）调研国内外红线管理办法及理念，结合我国国情及武汉市本土特色，分析总结可借鉴的成功管理经验。

（3）以湖泊保护管理相关规定为基础，结合武汉市《武汉市基本生态控制线管理规定》《湖北省湖泊保护条例》等基本生态线相关规定，分类梳理武汉市现有的湖泊红线管理政策及相关办法。

（4）总结分析武汉市现有湖泊保护管理机制的问题，分析湖泊生态红线环境管理政策需求，借鉴成功经验，完善湖泊生态红线环境管理政策体系。

（5）融合各类红线规定、现有政策及办法，以区域准入、区域补偿以及责任追究为重点内容，探索健全生态红线环境政策管理体系。

3. 研究方法及技术路线

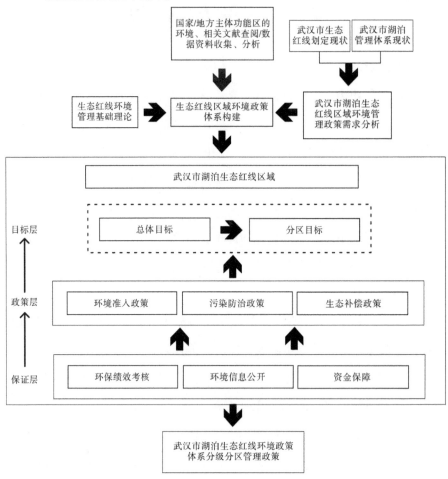

图 1-1　研究技术路线图

第二章 生态保护红线环境管理体系

第一节 生态保护红线的基本理论

生态红线的思想自古有之，不管是儒家信奉的"天人合一"，还是道家尊崇的"道法自然"，无不强调了人与自然和谐相处这一主题。工业社会之前，人类的力量还不足以合理"掌控"自然规律，因此，对待自然始终保持一种敬畏的态度。工业革命之后，人类不断进步的劳动生产力，对自然的改造也上升到一个新的高度，对待自然已经不再是敬畏或是平等，而是一种控制，甚至是征服。一系列生态危机的出现也正是人与自然和谐关系打破的结果。

人与自然关系的恶化给人类社会的发展敲响了警钟，理论家们越来越注意保持发展与自然环境之间的平衡，倡导一种公平、整体、和谐、可持续而又行之有效的文明发展理念。这些理念又催生了大量的理论，作为我国生态文明建设制度保障体系中的重要环节，生态红线的划定也是在这些理念和理论的推动下施行的。我们认为，可持续发展理论、生态社会主义理论和城市精神增长理论三者的相互结合与补充，有效地构建了生态红线制度从宏观到微观的理论支撑体系。

生态保护红线符合科学发展观的全面协调可持续原则，它能有效提升区域内生态功能，协调经济发展与环境之间的关系，是可持续发展理论在新时期下的一次尝试。它又是新城市主义者在城市精明增长理念指导下的具体实践，通过土地的集约利用、绿色空间的保持，最大限度地提高城市化发展的质量，实现"人的城市化"。

一、生态保护红线与可持续发展理论

（一）可持续发展的概念

可持续性发展指既满足当代人的需求，又不损害后代人满足其需要能力的发展。可持续发展强调经济发展必须建立在生态可持续能力、社会公正和人民积极参与自身发展决策的基础上，考虑生态资源环境以及后代需求，实现经济发展与资源环境的和谐统一。

在可持续发展理论的生态属性方面，可持续发展被定义为"保护和加强环境系统的生产和更新的能力"，强调生态系统的维护与优化。我国的一些学者也在这方面进行了研究，认为可持续发展是运用生态学的原理，把人类社会和自然生态环境看成一个有机整体，通过一定的政策措施，限制和规范自然资源、要素的利用，平衡生态系统。

在可持续发展理论的社会属性方面，可持续发展被定义为"一种在不超出生态系统涵养能力的基础上，改善人类社会的生活品质"，强调为人类创造一个美好的生活环境，提高生活品质，即在不超出环境承载力的基础上，为人类生产生活提供所必需的要素，服务于人类社会，为人类生产生活创造一个和谐美好的环境。

在可持续发展理论的经济属性方面，西方学者认为可持续发展就是在保持自然资源的合理利用，生态环境优化保护的前提下，经济发展的净收益能够增加的最大限度。可持续发展在经济上的定义已经不再是以牺牲资源和破坏环境为代价，片面追求经济增长速度的发展，而是一种"不降低环境质量，不滥用自然资源的一种高质的经济发展"。其十分注重经济活动和发展行为的生态合理性，尤其鼓励对资源和环境有利的经济行为，注重经济发展的当前利益和长远利益、局部利益和整体利益的有机结合和协调发展。

（二）生态保护红线体现了可持续发展的原则

为了维护国家和区域生态安全，我国于 2014 年出台了《国家生态保护红线——生态功能基线划定技术指南（试行）》，根据自然生态系统连通性和完整性的要求，依法划定需要特殊保护措施实行保护的区域，即生态红线区域。在生态红线区域内，制定特殊的开发政策，对区域内的自然生态功能、环境质量安全、自然资源的开发利用实行严格的监管，提高国土空间利用效率，以此来实现国家及区域内的经济与社会的可持续性发展。

1. 可持续发展是一种整体协调的发展

地球是人们赖以生存的家园，它是一个异质性的整体，每个国家或地区都是这个整体中不可分割的一部分。在地球整体发展进程中，只要一个部分出现了问题，就会直接或间接影响到其他分支的正常运行，甚至会诱发整体突变。经济社会的良好发展与自然生态环境密切相联，自然生态环境是人类生存和社会经济发展的物质基础，水和空气是人类赖以生存的必要媒介，土地资源、矿产资源和生物资源等是人类进步不能离开的物质因素，可持续发展就是谋求实现社会经济与环境的协调发展和维持新的长效平衡状态，它追求的是整体、协调发展，要求既要包括经济的发展，也要包含社会的发展和良好生态环境的保持。

2. 可持续发展是一种持续公平的发展

可持续发展强调实现同代和代际间的公平。一个区域的发展不能以牺牲另一区域发展为代价，应该实现区域之间的协调互动。一代人的发展不应该损坏人类世世代代赖以生存的自然资源和自然生态环境，要尊重后代公平地利用自然资源和自然生态环境的权利。当代人在发展的同时要自觉考虑到本代人与后代人之间在发展方面机会的平等和享受资源的平等，自觉地担负起不同代际之间合理分配资源的占有财富的伦理关系，给后代的发展营造一个良好的自然生态环境。自然资源的永续利用以及良好生态环境的保持是人类经济与社会可持续发展的前提条件，这就要求人们在经济发展过程中按照可持续发展理念，合理开发和利用自然资源，保护自然生态环境以维持其自净能力，经济的发展与环境达到一种持续稳定的平衡。

国家生态保护红线体系是实现生态功能提升、环境质量改善、资源永续利用的根本保障。通过划定生态保护红线（李力，王景福，2014），优化国土空间布局，保护和扩大绿地、水域、湿地等生态空间，从而促进人口资源环境相均衡、经济社会生态效益相统一。生态保护红线是一种严格的整体性的生态环境保护，它能有效降低各类保护区交叉重叠的现象发生，提高生态保护的效率，有效控制城乡建设用地的无序扩张，给农业留下更多的良田好土，实现城乡一体化发展。对引导人口分布、经济布局与资源环境承载力相适应，促进各类资源集约高效利用，以及我国经济社会可持续发展的生态支持能力建设具有极为重要的意义。在生态保护红线区域内，逐步恢复其生态功能，保障区域内生态安全，提高其生态供养的能力，在保护自然生态环境的基础上，实现经济社会的可持续发展，同时也为子孙后代留下一片"碧水蓝天"。

（三）生态保护红线的划定与管理是落实可持续发展战略的重要手段

罗马俱乐部在1972年发表了著名的《增长的极限》，他们认为人口不断增长而资源却不断减少，污染日益严重，这严重制约了生产的持续增长；虽然科技不断进步促进劳动生产率的提高，但这种作用是有限的，因此以牺牲资源破坏环境为代价的经济增长是有限的。

生态保护红线的出现不同于以往的经济发展思维，通过红线的划定明确主体功能区定位，着重保障重要生态功能区及生态脆弱区的环境，理顺环境保护与经济社会发展之间的关系。生态红线区域内严格的环境管理措施和环境准入制度，能够有效降低对资源的消耗，促使企业通过科学技术的进步而不是资源的消耗来实现收益，降低因资源约束带来的经济发展压力。

环境承载力是指由于自然环境的自我恢复能力存在一个最高值，在特定技术水平和发展阶段下的只能承载一定数量的人口和经济规模。因此经济社会的发展要以生态环境与自然资源为基础，与自然环境承载力相协调，否则，就会破坏生态系统的平衡，影响或危及人类的持续生存与发展。在生态学理论的指导下，人类经济社会的发展要遵循和谐高效的原则，通过能源消耗的最小化，实现收益的最大化，系统中的各个组成部分能够发挥各自的功能，和谐相处，系统内部各组织通过自我调节功能的完善和持续，实现整体的进步，而非简单的外部控制或结构的单纯增长。

生态红线能够合理引导人口分布、经济布局与环境承载力相适应，促使各类资源集约节约高效利用，对经济发展方式的转变起着积极的促进作用。生态红线能够进一步优化国土空间布局，使主体功能区定位更加明确，实现经济的梯度发展。通过控制红线区域内开发的强度，降低能源、水电、土地消耗量，促进生产空间的集约高效，增强红线区生态自我恢复能力，维持其环境承载力，有效推动资源节约型、环境友好型社会的建设。

人地系统理论认为人类社会是地球系统的一个重要组成部分，二者之间相互影响。一方面，地球系统为人类生产生活提供资源和条件，人类的活动以及人类社会的发展都与地球系统息息相关，受到地球系统的影响和制约；另一方面，人类的生产生活又都会对地球系统产生直接或间接的影响，如水和大气的污染、矿藏资源的枯竭、土地荒漠化、物种灭绝等。人地系统的目标是协调人与自然系统的关系，强调人类开发过程中要注重人地相互作用结构的改善，通过研究人地系统的优化落实到可持续发展。

生态保护红线就是通过在重要生态功能区、陆地和海洋生态环境敏感区、脆弱区设立保护区域，避免这些地区因为工业文明的进程而丧失其生态功能。维持其在地球系统中的服务能力，为人类社会的发展提供源源不断的土地、水、林木及矿藏资源，不断净化人类排放的废弃物，为人类生产提供一个安全舒适的外部环境。

通过上述分析，我们认为，可持续发展理论是我国生态红线划定与生态红线区域管理的重要理论基础及依据，二者之间的关系如图2-1所示。

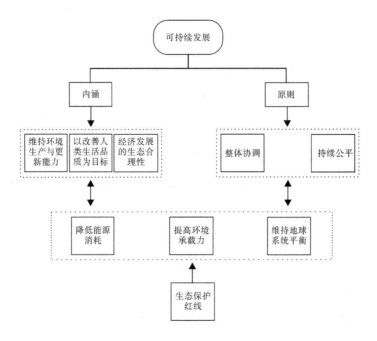

图 2-1　生态保护红线与可持续发展

二、生态保护红线与生态社会主义理论

生态社会主义是继马克思、恩格斯之后，当代的马克思主义者形成的一种用社会主义视角来分析与实践日益突出的生态环境问题的理论。它不仅反思人类社会发展方式上存在的弊端，还从生态的角度出发创新性地指

出未来人类社会发展的方向。

（一）生态社会主义的产生

工业革命以后，人类社会的发展越来越依赖对资源的使用，随之带来是更严重的环境破坏。水资源短缺、森林面积锐减、土壤退化、生态物种灭绝、固体废物污染严重、臭氧层破坏、气候环境急速变化以及未知疾病的威胁等，严重威胁着人类的生存空间。全球性的生态环境危机从 20 世纪 60 年代以后开始蔓延，世界上的任何一个国家都不得不接受这一新的挑战，也不得不寻求各种解决环境问题的途径。蕾切尔·卡森的《寂静的春天中》（1962 年）是人类关注环境问题的第一本著作，她预言农药会对自然生态环境和人类生存带来巨大的危害，这个观点强烈地震撼了普通民众，也以此开启了人类的环保事业。

20 世纪 70 年代开始，生态社会主义思想伴随着绿色生态运动出现而不断发展（姜佑福，2010 年）。绿色生态运动在德国首先发起，它凸显着人类对良好生态环境的诉求，提倡变革生产、消费、生活方式来调整生态系统，在生态系统达到平衡的前提下谋求社会进步。马尔库塞指出，生态危机是资本主义社会政治危机、经济危机的集中体现，它反映了人与自然界之间尖锐的冲突，不仅破坏了生态平衡，还威胁到人类的生存与发展。法国左翼理论家安德烈·高兹从生态学的角度批判资本主义，提出要进行一场生态革命。这一时期生态社会主义思想尚处在萌芽阶段，影响较小。

20 世纪 80 年代，生态社会主义进一步发展并初步形成了独具特色的理论体系（王卫，2009 年），对绿色运动产生了重大的影响。这一时期大量的理论研究者对生态社会主义进行了研究，莱易斯认为统治自然的观念是将全部自然来满足人类的欲望，这将导致生产的无序扩张，从而带来资源的浪费和生态环境的破坏，最终会使人类毁灭。同时他指出，以追求利润为目的的资本主义生产方式必将导致人的异化和生态危机，因此必须要坚持发展一种"稳态经济"。鲁索夫认为科学技术的发展使社会生活很多方面恶化，我们必须树立一种生态意识，帮助人们了解生态规律，按生态规律办事，防止生态危机的发生。从而保持自然环境的有益状态，实现社会的发展。

20 世纪 80 年代末，生态社会主义理论趋于完善，在对资本主义批判的同时，对未来社会提出了设想。大卫·珮珀认为资本主义生产追求剩余价值，它将自然看作掠夺的对象，最终将导致自然界的毁坏。在市场法则下，降低生产成本大多是以牺牲生态环境为代价的，污染的治理费用是需要算入成本的，资本家会设法将成本外在化，给社会带来负的外部性。詹姆斯·奥康纳指出生态危机是由生产的扩大及成本的增加引起的，他对生态社会主义重新进行了定义，认为生态社会主义应该以使用价值作为追求的目标。生态社会主义者论证了未来社会主义社会与生态可持续性原则的内在相融性，提出生态社会主义的未来发展必然是工业文明向生态文明转变的道路。它是一种以高度生态文明为本质的社会主义社会。

总结来看，生态社会主义的发展可以用图 2-2 表示。

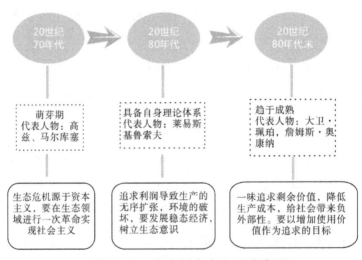

图 2-2　生态社会主义理论发展

我国对生态社会主义理论的研究经历了从 20 世纪 90 年代的介绍、评述到 21 世纪以来的反思实践的过程。近些年来，国内的学者将主要的精力放在了生态社会主义对我国社会主义建设带来的借鉴意义及启示上。希望以此来克服我国现代化建设中带来的生态危机问题，促进社会公正和谐，并产生了生态文明的理念。

（二）生态社会主义的理论观点

虽然理论家对生态社会主义提出了不同的观点，但是，关于人与自然的关系处理、发生生态危机的原因、克服生态危机的方法以及对未来社会的构想上，理论家提出的观点大致是相同的。

（1）在阐述人与自然之间的关系上：生态社会主义者强调人类与自然的和谐统一，他们认为绿色社会是社会主义的本质特征，是在人类物质与社会自由实现的同时符合生态原则的社会，它将改变人与自然对立的关系，人类将尽可能最大限度地减少对自然环境的破坏。在保护自然环境的问题上，生态社会主义要求人们按照自然规律办事，坚持人类的尺度，反对把人和大自然的关系变成一种单向的索取关系。正如臧克在《马克思恩格斯论环境》中所说，人类应该通过调整一定的社会关系实现人与自然合理的物质交换。

（2）生态社会主义理论认为资本主义制度和工业社会是造成全球生态危机的根本原因。工业文明的发展带来了科学技术和人们对自然力量的漠视；过度消费、过度生产容易超过自然界所能承受的限度；生产的无政府状态导致了资源的严重浪费和破坏，污染了环境，从而造成生态系统失去平衡，引发生态危机；资本主义制度下存在着生态殖民主义，即发达国家对发展中国家进行掠夺和剥削，将生态危机转嫁给发展中国家，造成发展中国家生态环境的恶化。安德烈·高兹认为马克思在《资本论》中对资本主义生产方式的批判，实际上是对经济理性的批判，人们对于经济理性的崇拜会使得生态危机问题更加凸显。

生态社会主义理论对资本主义带来生态危机的分析可以用图 2-3 来表示。

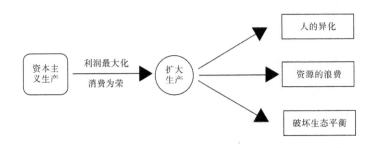

图 2-3　资本主义生产与生态危机示意图

（3）稳态的经济增长方式有利于摆脱生态危机，将资源的消耗限制在可维持的限度之内，在不损害生态系统的前提下满足人们的基本需求。稳态经济从经济、社会、生态三个方面衡量经济的发展质量，通过转变经济发展方式，对工业社会体系进行"生态重建"，调整产业结构，实现经济的理性增长，最终实现经济发展、社会发展和生态发展三者的有机统一。建立一种计划与市场相结合、中央政府与地方当局相结合的"混合经济"，通过中央的计划管理，弱化经济发展对生态环境的破坏。

（4）生态社会主义者认为未来社会应该是一个经济高度发达、社会公平公正、人与自然和谐相处的新型社会。这个社会坚持可持续发展理念，走生态经济的道路（徐朝旭，2006 年）。高兹认为在资本主义条件下，追求经济增长与生态保护是互相矛盾的，必须对二者进行重建才能解决冲突。徐朝旭（2006 年）认为生态社会主义是一种体现人与自然和谐关系的社会主义，占有制将取代私有制从而消除人与自然关系异化的基础。正如岩佐茂所说："生态社会主义者的根本目标就是要建设一个不破坏自然物质循环的、或者说不破坏生态系统的社会主义"。

（三）生态社会主义对我国生态文明建设的启示

生态文明建设是将可持续发展提升到绿色发展的阶段，它是中国特色社会主义事业的重要内容，是关乎人民福祉、民族未来的大事，事关"两个一百年"奋斗目标和中华民族伟大复兴的中国梦的实现。生态社会主义作为一种兴起不久的新思潮，对人与自然的关系进行了深刻的反思，对未来社会的构想提出了很多具有建设性的意见。虽然其主张带有一定的乌托邦色彩，但是它对中国特色社会主义生态文明建设却有着不可替代的实践价值，我们应该吸取生态社会主义理论的积极因素，为中国生态文明建设服务。

1. **树立生态环保的意识**

树立生态环保的意识，当前我国生态环境的严峻形势警示我们必须转变发展观念，树立生态环保意识，将人与自然的和谐关系作为社会发展的目标，人类的社会行为应该遵循生态性、整体性的原则，避免出现不惜以环境为代价发展经济、只注重经济增长的局面，注重生态环境保护。

2. **坚持可持续发展战略**

可持续发展是实现生态文明的重要途径，二者均具有相同的时代背景（生态危机的加剧）和共同的主题思想（保持生态平衡，为人类创造良好的生存环境）。通过科技进步助推生态文明建设，引进新技术，促进产业生态发展。从而真正在自然资源质量和持续供应能力，以及生态环境系统自然涵养能力和更新能力得到保障的前提下，实现社会经济的持续健康发展。

3. **转变经济的发展方式**

不再以追求发展速度为第一要务，更加注重发展的质量，通过调整产业结构，实现 GDP 绿色增长。人类社会的发展，是经济的高质量发展，需要在各种经济要素的支持并在生态环境所能承受的范围之内增长。经济的适度增长，既是人们在自然环境约束下的一种理性选择，又是社会发展的必然要求。实现生产方式的转变，就要摒弃以往粗放型的经济发展道路，着力推进绿色发展、循环发展、低碳发展。

4. 注重对资源的保护利用

要着力推动资源利用方式的根本转变，创新资源的管理方式，提高各类资源的利用效率，走资源集约型的道路。大力发展新能源，确保国家的能源安全。树立绿色消费的意识，倡导适度消费，努力实现物质生产与生态生产相适应，在国家层面上应制定相关法律法规及优惠政策，保证绿色产业的发展。

（四）生态保护红线有利于生态文明建设

马克思和恩格斯（1971年）在批判资本主义时深刻意识到人类工业社会的迅速发展必将会对人类生存所依靠的自然环境和生态环境造成极大的破坏，甚至会给人类社会的发展带来不可预知的后果。进入新世纪，随着经济的飞速发展以及城市化的稳步推进，资源约束、环境污染问题不断加剧。为了实现经济又好又快发展，提高人们生活的幸福指数，党的十八大报告中明确指出我们一定要更加积极地保护生态环境，努力走向社会主义生态文明新时代。在这种形势下，加强生态保护红线的建设就显得十分必要，具体而言，生态保护红线主要从以下几个方面推进生态文明建设。

一是优化国土空间格局。生态保护红线坚持人口、资源、环境相协调原则，限制开发活动，调整产业结构，引导人口的合理流动，促进经济、社会、生态效益相统一。有利于促进生产空间集约高效，生活空间宜居适度，给自然留下更多的修复空间。同时它有利于加快我国的主体功能区战略的实施，构建合理的城市化发展格局、农业发展格局和生态安全格局。

二是全面促进资源节约。在自然生态空间进行统一的产权确认登记，通过确定各类国土空间开发、利用、保护的边界，促使能源资源能够按照质量分级、达到阶梯利用的效果，从而实现资源利用效率的最大化，缓解经济与资源环境之间的矛盾。严格的资源管制将促使红线区域内产业的结构转型，加强节能降耗，利于低碳产业和新能源产业的发展。耕地红线属于生态红线的范畴，通过严格土地用途管制，能有效保护耕地资源。

三是加大了自然生态系统和环境的保护力度。生态红线从资源、环境、生态三个方面提出了管控的要求，将各类经济开发活动限制在资源环境可承载能力以内，同时注重对生态环境的恢复性保护，维持其提供生态产品的能力。加强了对生态脆弱区的保护力度，这有利于维持耕地、湖泊面积，促进生态系统的稳定，提高区域内应对自然灾害的能力。

四是促进生态文明制度建设。建设生态文明，必须用制度保护生态环境。划定生态保护红线，建立和完善体现生态价值和代际补偿资源有偿使用制度和生态补偿制度、环境准入制度、监管监察制度、生态环境保护责任追究制度和环境损害赔偿制度，有利于构建一套完整的生态保护红线环境管理体系（康鸿，2013 年）。真正做到让生态损害者赔偿、受益者收费、保护者能够得到合理的补偿。

生态保护红线的确立是尊重自然、顺应自然、保护自然的生态文明理念的具体化，它体现了节约资源与保护环境的基本国策。打破了以往高污染、高能耗以牺牲自然资源与生态环境为代价的发展方式，坚持节约优先、保护优先、自然恢复为主的方针，使得经济社会的发展建立在资源能支撑、生态受保护、环境能容纳的基础之上，做到经济效益与社会效益、生态效益同步提升，最终将达到人与自然、环境与社会、人与社会和谐相处。在突破资源环境瓶颈制约、遏制生态系统的退化、减少环境污染、推动生态文明建设、建设美丽中国以及实现五位一体总体格局上具有积极的意义（王宏斌，2010 年）。

党的十八届三中全会以后，生态保护红线作为改革生态环境保护管理体制、推进生态文明制度建设最重要、最优先的任务,凸显了生态文明在"五位一体"中的基础性作用。它已经成为生态制度建设的重要内容,是提高发展质量与效益、坚持以人为本、促进社会和谐的必然选择,是维护国家生态安全和经济社会可持续发展的基础性保障。

总的来看,我们认为,生态社会主义理论是我国生态保护红线划定与管理的重要理论来源,其对我国生态文明建设具有重要的指导作用。具体可用图 2-4 来表示。

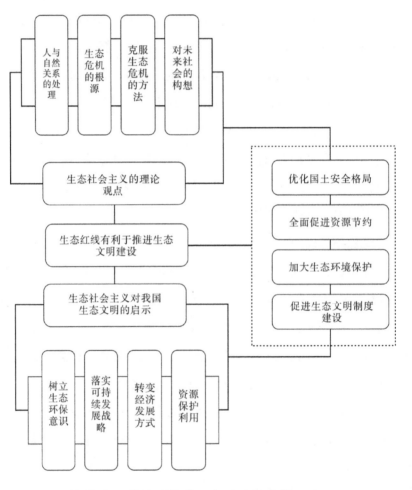

图 2-4 生态社会主义与生态红线体系建设

三、生态保护红线与城市精明增长理论

我国目前处在城市大规模扩容阶段，地方政府片面追求城市发展的速度，热衷于高铁、高速公路、地铁等高容量交通基础设施项目，对生态绿色空间的保护力度不足，城市发展的同时也破坏了城市的生态系统。作为一个有着十三亿人口、城镇化进程正在提速发展的大国，我们更应该走城市精明增长的道路，真正实现人的城镇化而不是土地的城镇化。

（一）精明增长理论的产生

1. 精明增长理论产生的背景

第二次世界大战之后，美国经济的增长促进了快速城市化的发展。中心城区环境的恶化以及郊区交通条件的改善促使了人口和就业岗位向郊区迁移，由此带来了城市中心的衰败及城市用地规模的扩大，城市建筑占用大量农田，城市半径越来越大，导致能耗过多、交通堵塞等城市病接踵而来，这种现象被称为"城市蔓延"。城市蔓延是以极低的人口密度向现有城市化地区边缘扩散，占用未开发的土地。粗放型的土地利用方式带来了城市绿色空间的减少以及自然生态环境的恶化，造成了各种资源的低效率利用，严重损害了经济、社会、环境多方面的利益。

图 2-5 是城市蔓延的成因以及其带来的影响。

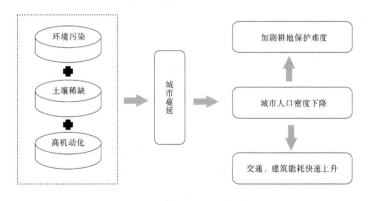

图 2-5　城市蔓延因果图

2. 精明增长概念的提出

20 世纪 90 年代末，美国人意识到城市蔓延带来了诸多不易解决的难题，低密度的城市开放，单一的土地利用，农业用地以及公共空间的消失，使得城市发展质量和人们的幸福度不断下降。而同一时期欧洲的"紧凑式"城市发展模式却在城市发展中取得了不小的成就，美国人因此效仿欧洲的城市发展模式，提出了精明增长的概念。精明增长概念的初衷是建立一种政府指导城市开发的手段，并协调好城市土地财政收入与环境保护之间的关系。如农田保护者认为"精明增长"是一种有效限制城市向外扩张和侵占农田的方法。"精明增长"理论经过不断发展完善，最终提供给政府一个既能实现城市的发展，又能最大限度地保护环境的手段。之后，精明增长的发展模式被新城市主义者大力推崇，逐步在全世界发展起来，并不断得到公众的认可。

（二）生态红线符合精明增长理论的核心内容和原则

精明增长的核心是坚持紧凑发展，减少盲目的扩张，实现土地的集约高效利用，确保城市发展外部环境及城市居民幸福质量的建设。在当前城市化进程加快，城市建设和开发力度加大的情况下，更应坚持精明增长理论，提高土地的利用效率，强调对农业用地等区域的保护，为城市发展留有余地，目的是在城市不断发展的过程中努力实现经济、环境和社会的公平，使每个人都是城市发展的受益者。

总的来说，精明增长是一种在提高土地利用效率的基础上合理控制城市扩张、保护自然生态环境、服务于经济社会发展、促进城乡协调发展和人们生活质量提高的发展模式。

提高土地资源的利用效率。在城市可开发领域内，构建生态环境系统、水环境系统、大气环境系统等环境领域或要素的生态红线，并充分赋予灵活性与动态性。高人口密度以及相对紧凑的发展方式将会带来规模经济效应，有助于提高效率及协作水平。土地的集约利用能够最大限度地降低土地资源的浪费，缓解突出的人地矛盾，是最有效的一种解决经济社会发展过程中资源的开发利用与生态环境保护之间矛盾的途径。

土地资源的保护性开发。进一步强化国土规划与管控，实现城市精明增长就要坚守最严格的耕地保护制度，划定永久的基本农田，实现耕地的占补平衡，集约利用国土资源，同时保持打击违法违规用地的高压态势，持续减少违法用地量。在生态红线区域内能够积极推进成片土地储备开发，为城市后续发展留足用地规模，通过建立统一的城乡土地市场，完善城市更新的政策法规体系，盘活存量土地，能有效提高土地利用效益，改善城市生态环境。

合理控制城市扩张。生态保护红线区域应包括"生态底线区"及"生态发展区"，在生态底线区要实施最严格的监管制度，除了必要的道路、国防、公园绿地及生态型农业基础设施的建设外，严格禁止其他新建项目的开展。在生态发展区内允许进行有限制的低密度、低强度的开发，对一些新建项目要进行论证审核及社会公示。建立永久性乡村保护区（带），可以确保其今后不会被城市发展所侵吞。

提高自然生态系统维持力。城市规划中，在重要的生态功能区设立位于城市增长边界以外的生态保护红线，生态保护范围一般包括河流、湖泊、湿地、饮用水水源地、自然保护区、基本农田、林地和防护绿地等。通过禁止或限制开发区域，如水源涵养区，能够有效维持区域内调蓄洪水、保持水土、维护生物多样性的功能。在城市边缘的生态脆弱区及敏感区设立生态保护红线，即重大生态屏障红线，它可以为城市及城市群的发展建立一种生态保护屏障，避免因温室气体及污染物排放、生物多样性的降低及自然环境的恶化对城市生态及城市居民生活带来的不良影响。

（三）生态保护红线有利于促进城市精明增长

1. 尊重自然——构建完整的城市生态系统

精明增长承认城市规模受到自然环境容量的限制，注重城市生态系统平衡的建设。因此要通过划定城市增长边界及相应的生态保护红线来限制城市发展规模，否则将会导致区域内生态环境的恶化、城市生长活力的丧失，最终将会导致整个城市区域的衰退。生态保护红线在城市与郊区关系及整个城镇体系中体现了尊重自然的理念，主张要保护空地、农田、风景区和生态敏感区。它将城市、郊区及自然环境看作一个统一体，城市的发展既要着重内部构件的更新完善，又要保持与郊区农田、自然生态环境的和谐关系。

2. 保持多样性——维持城市生态系统的稳定

快速城市化带来的是城市建设用地的高速增长和千城一面的窘境。灰色基础设施占据着大量的城市用地，城区绿地面积不断减少，围湖造田、造城，填海造陆的现象层出不穷，绿色基础设施（刘昌寿，沈清基，2005年）及城市绿色公共空间的减少成为影响城市健康发展的一个难题。通过划定生态红线区域，在禁建区及限建区加强生态保护工作，提高城市绿地供应，维持城市生态系统中生态多样性。城市的紧凑发展及土地多样化利用可以丰富城市空间机理，使得城市建筑与周边自然环境能够呈现出一种和谐统一的共生关系，增强城市发展的"弹性"。

3. 节约资源——实现城市生态系统的可持续发展

生态保护红线的确立，能够进一步加快转变发展思想，牢固树立节约资源能源、节约空间的理念，抛弃外延式的粗放式发展，转而向内涵式的智慧增长，由环境换取增长向环境优化增长转变，促进了资源、能源的高效利用。生态红线是维护城市环境质量的高压线，通过严格限制高污染、高能耗的企业的发展，积极鼓励低污染、低能耗、低排放企业的落户，使得集约增长成为生态红线区域内企业的自觉行动，从而带动城市区域生态环境的建设。真正实现以增量优化促进存量发展，全面提高资源环境利用水平和经济发展质量，统筹安排城乡居住区、工业区、生态保护区，为推动集约节约发展，实现城市可持续性增长留足空间。生态红线是一项涵盖了多个层面的城市综合发展策略，是将城市发展融入区域整体生态体系和人与自然可持续和谐发展目标中的发展策略。

总的来说，生态红线的确立符合城市精明增长的核心理念，它坚持以人为本的原则，促进土地资源的集约利用，在城市发展的同时，注重资源节约、环境保护、实现经济、社会和生态的共同发展。从而提高城市的综合承载力，这有利于城市的可持续性发展。所以我们认为，城市精明增长理论给我国生态红线在城市建设过程中提供了重要的理论支撑，具体的关系如图 2-6 所示。

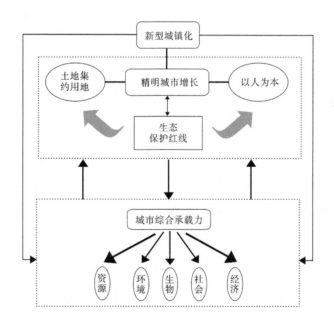

图 2-6　生态保护红线与新型城镇化

（四）精明增长理论的国内外实践案例

1. 北京市划定生态红线区，促进城市精明增长

2014 年北京市发布了《北京市城市总体规划（2014—2020 年）》，明确规定在全市划定城市增长边界和生态保护红线，将城市空间划分为生态保护红线区、缓冲区、集中建设区三大区域。实行分区划定差别化管理策略，通过划定城市增长边界及生态红线区，倒逼各个区域内产业结构的调整及土地资源的节约集约利用，合理引导国土空间布局以遏制城市"摊大饼"式的蔓延式增长。

生态保护红线能够从源头上扭转城市生态环境不断恶化的趋势，对维护城市生态安全、促进城市的可持续发展起着重要的助推作用。

2. 芝加哥市城市精明增长实施

在美国，芝加哥市给人们印象深刻的是充足的绿色空间，都市区内每100 人拥有 23 公顷绿地。芝加哥市在 2040 年展望中提出要依托综合交通推动不同层次中心的紧凑式发展，保护重要的绿地，使城市发展更具活力和多样性。以政府为主导，依托非政府组织加强和扩大绿地及其所包含和代表的重要自然资源。呼吁保护和保存开放空间、生物栖息地、水资源、农田和城市绿色廊道。芝加哥市注重对湖滨地区的保护和发展，提出"一切从湖滨开始，湖滨属于市民的理念"，实施一系列法律法规对湖泊进行保护，如 1919 年芝加哥规划委员会通过的《湖滨地区保护大纲》，1970年在芝加哥区划法中增加的新章节——《密歇根湖以及芝加哥湖滨地区保护条例》等。大面积的绿地奠定了芝加哥市城市发展的生态基底。

第二节　生态红线管理的基本要求

生态保护红线管理就是要处理好发展与保护之间的矛盾，协调好眼前

与长远之间的矛盾。因此，生态红线的管理必须要以保护为目的，以统筹兼顾为手段，通过合理的政策实现制度保障，最终形成一个依法治理、公众参与的"共管"局面。

一、保护优先，预防为主

提高环境评估的能力。建立健全生态红线区域内生态功能评价和管理成效评估制度，以促进区域内的进一步开发及保护工作。加大科学监测能力建设。充分实现"互联网＋生态保护"，充分利用 RS 和 GIS 技术，加强生态预测的能力，构建全国生态红线区域内生态监测网络，实现实时数据信息的共享。全方位深化生态预警服务。明确主体功能区基线，加强生态预警体系建设力度，提高生态红线区的抗干扰能力，对全国生态红线区域实施动态监测与中长期预警，定期向公众发布生态安全预警信息，为红线区域内良好生态环境的保持提供科技支撑。

强化"环境准入"制度。以生态环境承载力为基础，以科学监测、合理评估和预警服务为手段，规范各类资源开发和经济社会活动。除了资源消耗低、环境影响小、与生态保护不相抵触并经当地人民政府批准同意建设的项目外，严格禁止其他项目在生态红线区域内进行建设，防止新的人为生态破坏和生物安全问题的发生。加大绿色基础设施的建设。扩大绿色基础设施的资金支出，合理布局。坚持治理与保护、建设与管理并重，使各项生态环境保护措施与建设工程能够长期发挥作用。积极推进生态红线区域内的生态恢复工作。认真分析生态红线区域内环境问题的根源，确立适宜的生态保育对策，以自然恢复为主，加大人工恢复的力度。在确保基本农田面积不减少的情况下，积极推进退耕还湖、退牧还草，维持区域内生态系统的完整性，逐步提高生态红线区域内生态服务能力建设，为经济社会可持续发展提供物质基础和良好的外部环境。

二、统筹兼顾，分类管控

生态红线管理是一个长期的系统性工程，应该统筹规划，分步实施。要做到"多规合一"。生态红线的管理要与国家经济与社会发展规划、城乡发展规划、全国主体功能区规划等国家重大发展战略、重大规划相协调，统筹考虑短期、长期，城乡间的生态保护需要，突出国家重点生态功能区、自然保护区和生物多样性保护优先区的管理、评估等重要工作。同时可考虑成立专门机构或中央及地方常设的政府直属机构协调对生态红线区域进行管理，对国土资源进行统一规划及控制性管理，减少因为部门之间不同的管理标准带来的困难。遵循自然环境分异规律，综合考虑流域上、中、下游之间的关系，区域间生态功能的互补作用，明确不同区域的生态主导功能，科学合理确定保护区域。分批分期开展，逐步推进，依据本区域实际，合理划定生态红线，建立符合我国国情、区情的生态红线区域。

加强分类指导，实现分级管控，推动不同地区有重点地开展生态红线保护工作。实行分级保护的措施，明确环境准入的条件，绩效评价指标和考核办法。使得各类生态红线区域能够得到有效的保护。将生态红线区分为禁止开发区与限制开发区，实行不同的管理开发策略。按照红线区域自然生态的特点，优化资源配置和生产力的空间布局，以科技促保护，以保护促发展，积极探索生态红线区保护的多样化模式，形成生态红线区保护格局。国家对生态安全有直接影响的，具有流域性、区域性特征的重点保护区域制定总体保护方案进行指导（赵成美，2014 年），在其他需要保护的区域按照分级保护、分类管理的原则，由各省、市、区县相应地制定具体的规划加以实行。

三、合理开发，制度保证

坚持合理适度开发的原则，根据生态红线区资源分布、环境承载力的大小，规范各类开发建设活动，全面限制不利于红线保护区生态环境保护的产业扩张活动，积极发展资源环境可承载的特色产业，走生态经济型道路。保护和恢复生态脆弱区生态系统，实现生态环境质量改善和区域内经济与社会可持续发展。通过科学规划，确立适宜的资源开发模式与强度、可持续利用途径、资源开发监管办法以及资源开发过程中生态保护措施，防止不合理的开发建设活动导致生态功能的退化，减轻区域生态系统压力。对于生态红线区域内已建或在建的项目，首先要进行限制，控制和减少污染物的排放，其次，对于不合要求影响主体功能区划和污染物排放超标的项目，应采取相应的措施，予以限期治理或搬迁。

健全生态保护红线体系顶层设计，完善生态红线的法律保障制度体系。构建协调统一的区域环境保护制度、严格的资源环境约束制度、有效的市场对环境问题规制机制。建立管护问责机制及考核机制，加大对相关政府工作人员的监管。落实环境准入制度，加大对红线区域内环境的保护。完善生态补偿机制，形成科学、合理的资源环境的补偿机制、投入机制、产权和使用权交易等机制，做到谁开发谁受益，谁破坏谁补偿。建立分区责任管理机制，协调好区域间、部门间的关系，以整体优化促进共同发展。生态红线区域关系到国家的生态安全和可持续发展，在维护国家生态安全的作用上起着重要的作用，因此，生态红线区域未经相关政府机关批准不得擅自调整，确保生态红线的保护性质不改变、生态功能不降低、空间面积不减少。因国家、省、市重大建设项目和法定规划调整，需要对生态红线进行局部调整的，应当以"总量不减、占补平衡、生态功能相当"的原则，编制调整方案，送至相关职能部门的审核，并召开听证会、论证会的形式征求意见。

四、依法治理，公众参与

进一步完善与生态保护红线制度法规，强化行政执法能力，做到有法可依、有法必依、执法必严、违法必究。生态红线区域内建设项目在建设运行之前，应依法进行环境影响评价，对项目进行审批，控制开发强度，加强各项绿色基础设施的建设。此外，还要制定配套的生态补偿实施办法，对违反规定，在生态红线内进行违法建设的，由有关行政主管部门按照有关法律、法规予以处理。构成违法占用生态红线范围内土地进行营利的，需清理违法建设或占用的土地，恢复原区域的基本生态功能，并按照相关土地建设法律法规予以处罚。

严格考核问责，将生态红线建设纳入到经济社会发展综合评价体系中，将考核的结果作为干部选拔任用的重要依据和管理监督干部的重要参考。对不认真履行生态保护红线管理职责的，以及滥用职权、玩忽职守、徇私舞弊导致生态环境遭到破坏的政府官员，依法给予行政处分。充分发挥环保部门在生态保护统一监管的职能，加强相关部门的协调工作，推动相关部门各司其职、齐抓共管，共同推进生态环境保护与建设工作。加强对生态环境的监管，深化生态环境保护监管体制机制建设，在生态环境区域内，要严格生产企业污染物排放的监管，完善污染物排放许可证制度，禁止无证排污和超标准、超总量排污。

建立健全政策与机制。完善公众参与制度，推进科学民主决策，拓宽民众监督渠道，鼓励群众性自治组织、社会团体、环境保护志愿者和公众参与生态环境保护工作中去，将生态文明作为政治体制改革的重要突破口。以政府为主导，充分利用大众传播手段，深入宣传生态保护红线在保护生态环境的重要作用和意义，积极倡导生态文明理念，加强生态红线保护法规、知识的培训，不断提高全民的生态环境保护意识，充分调动全社会公众参与生态红线建设工作的积极性。保障公民知情权，各级人民政府有关部门应当依法公开环境信息、拓宽公众参与渠道，为公民、企业和其他组织参与和监督生态红线建设、自然生态环境保护提供便利。为生态红线环境管理体系的持续发展奠定坚实的群众基础。

第三章　生态红线的国内外研究进展及实践经验

第一节　国外有关生态红线的研究进展

"生态红线"这一概念是我国特有的提法,从国际上看,虽然没有"生态红线"这一概念,但是存在许多与之相近的理论与实践,主要包括生态廊道、生态网络与生态缓冲带等,大多是见于有关生物多样性及生态保护的文献当中,其与我国有关生态红线区域划定与管理有许多相通之处。

一、生态学领域的研究

（一）生态廊道

保持生物多样性的基础和前提是生境的多样性,在一定的地域范围内,生境及其构成要素的丰富与否,很大程度上影响甚至决定着生物的多样性。Andren 于 1994 年就提出生境破碎化是一个世界性的普遍现象,生境破碎化是对生境,即生物栖息地的破坏,其表现之一就是生境分割,即原本连为一体的大面积生境被分割为一片片的小碎片,这种生境的不断压缩、分割,必然会对生物的生存繁衍带来一定影响,成为生物多样性最主要的威胁之一。为了减小生境破碎化带来的影响,Wilson 和 Willis 曾于 1975 年提出了用廊道来连接相互隔离的生境的观点,并认为这种做法能大大减少物种灭绝率。1986 年,Forman 和 Godron 从形状和空间的角度将廊道（corridor）定义为:不同于两侧基质的线状、带状的土地。此后，许多学者以此为基础，发展了廊道的定义。Rosenberg 于 1997 年提出廊道是一个线性的景观因素，它主要提供动物在生境斑块之间的迁移。此外，国外许多研究人员对廊道的作用做了许多实证研究，比如 Haddad 等于 1999 至 2005 年进行了一系列实验，从而验证廊道是否能够起到保护生物多样性的作用。1999 年，Haddad 通过对比廊道连接间的斑块和比较孤立的斑块两种不同环境下的物种扩散能力，发现连接起来的斑块比孤立的斑块扩散能力要强，认为廊道能够提高生境限制物种的扩散距离，并且通过对蝴蝶进行试验，发现连接起来的斑块比孤立斑块中蝴蝶的密度要高。2003 年，他又经过对蝴蝶、小型哺乳动物等的试验进一步证实生物廊道能够引导不同物种的扩散，提高了蝴蝶、小型哺乳动物以及植物（鸟协助扩散）的扩散能力。除此之外，2005 年，Tewksbury 证明即使生物廊道提供的生境条件不如斑块中的生境条件好，也可以提高斑块间蝴蝶的扩散能力。Townsend 和 Levey 也于 2005 年通过试验验证了生物廊道增加了生境斑块的昆虫传粉者数量，进而又增加了蝴蝶和蜜蜂等对花粉的传输[①]。这些试验都证实了生物保护廊道对保护生物多样性的巨大作用。

　　生物保护廊道是物种利用的条带状植被带，以实现连接生境、防止种群隔离、维持最小种群数量和保护生物多样性的目的。对于生物保护廊道的描述，不同地区和国家有着不同的表达术语，北美学者更多的是关注自然保护区及国家公园的生态网络建设，因而趋向于使用 greenway 这一术语，而欧洲学者则主要侧重于研究城市化进程给环境造成的影响并致力于削减这些影响，因而倾向于 ecological networks 这一术语，而大部分国家则使用 biological corridor 来描述。

　　（二）生态网络

　　生态网络（Ecological Network）亦称为绿道网络（Greenway Network），

---

　　① 甘宏协：《西双版纳生物多样性保护廊道设计案例研究》，《中国科学院研究生院》（西双版纳热带植物园）2008 年。

源于北美景观建筑和规划术语，是由具有生态意义的保护地斑块和生态廊道所组成的基本生态设施[①]。生态网络的概念于20世纪七十年代首次被人提出，与上文中所提的生态廊道在概念及作用上都有一定的关联和相似性。1979年召开的波恩会议为了保证不同区域范围物种迁徙生态过程的实现，提出建立西半球海滨保护网络和保护廊道。1987年，美国总统委员会关于户外环境的报告中首次出现"生态网络"的政府工作报告，并定义生态网络为一个连接乡村与城市空间的循环系统。在"生态网络"思想理论指导下，美国的许多州都进行了规划，根据具体情况，将整个区域划分为核心区、连接区、缓冲区、恢复区，每个区域都有不同的职能，并且对每个区域都作出具体的规定、限制，从而构成一个比较完整的生态网络，促进物种的迁移和扩散[②]。1991年，Hay将生态网络定义为具有自然特征的廊道和连接开放空间的景观链。生态网络将破碎的斑块和廊道连接起来，进行合理的空间规划，从而形成一个系统的网络（如图3-1），加强各个部分之间的功能连接，促进物种间的交流、迁徙和散布，以保护生物多样性和生态环境。

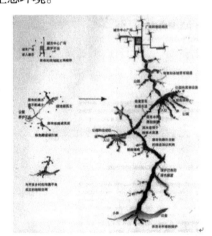

图 3-1 生态网络的构建将破碎的斑块连接成一个完整的系统（Rogers，1999）

① 郭慧慧：《基于GIS的城市绿地景观格局研究与生态网络优化》，《浙江农林大学》2012年。
② 陈小奎、莫训强、李洪远：《埃德蒙顿生态网络规划对滨海新区的借鉴与启示》，《中国园林》2011年第11期，第87-90页。

（三）生态领域生态缓冲带

缓冲带（buffer strip）的全称为保护缓冲带（conservation buffer strip），是利用永久性植被拦截污染物或有害物质的条带状、受保护的土地①。1997年，由美国农业部国家资源保护中心提出国家保护线缓冲带动议（national conservation buffer initiative），承诺到 2002 年在全国建成 320 万千米长的保护缓冲带，并且鼓励农牧民以及社会大众了解缓冲带的建设意义并且加以推广。缓冲带根据不同的功能有多种类型，仅美国政府颁布的这项计划就涉及野生动物保护、湿地保护等多个方面。美国的许多州都建设了缓冲带或对此做了相关规定。为防止牧场营养流失同时过滤由牧场流经的硝酸盐水流，建设缓冲带，缓冲带由美洲山核桃和百慕大群岛草组成，在山核桃之间种草，使"废物"被植物充分吸收，而营养物则被山核桃所吸收，这样不仅能改善土质，增加牧草产量，而且另一方面因山核桃也带来了一些额外的经济收益②。此外，在美国的爱达华州，也有这种类似的缓冲带，即在牧场或耕地的边缘建立十五米宽的生物堤防，种植蓝叶云杉，这些云杉在农作物收割的时候可以作为风景树出售，这样一来，也和新墨西哥州的缓冲带一样，可以起到环境和经济的双重效益③。此外，还有一些以防止水土流失、减少污染、保护生物多样性等为目的的缓冲带，如河岸植被缓冲带等。

生物保护廊道、生态网络、缓冲带等这些表述虽然与生态红线完全不同，但是都有一定的相通之处，都是通过空间布局上的合理规划，出台相应的政策和措施，达到保护环境的目的。

二 、城 市 规 划 学 领 域 的 研 究

18、19 世纪起源于英国后席卷全球的工业革命，给人类生产生活带

---

① Natural Resources Conservation Service, USDA, Buffer Strips: Common Sense Conservation, Washington, D. C. , 1998.

② Natural Resources Conservation Service, USDA, Inside Agroforestry, Nebraska, 2001.

③ Natural Resources Conservation Service, USDA, Inside Agroforestry, Nebraska, 2003.

来了翻天覆地的变化，为经济的发展和人类文明的进步做出了巨大贡献，但与此同时，经济和工业的发展也为人类生态环境造成了极大的破坏，进而引起一系列城市环境问题。此后，人们逐渐开始注意并重视环境问题和城市规划，对一些城市开始进行改建，巴黎于 1852 年开始的改建体现了最初的城市规划思想。英国学者 Ebenezer Howard 于 1898 年在其出版的 *Garden Cities of Tomorrow* 一书中，提出田园城市（Garden City）理论，影响深远，这种由人工建筑物和自然景观组成的"田园城市"，强调了城市绿化的重要性，是从城市规划与建设中寻求与自然协调的一种探索，对后来城市规划理论思想的发展起到了重要作用[①]。

（一）规划领域生态环境保护思想的产生与发展

20 世纪后，随着生态学成为一门独立的学科，并且逐渐发展，城市生态规划理论也随之得到进一步发展。1916 年，美国芝加哥学派代表人物 R. E. Park 发表《城市：关于城市环境中人类行为研究的几点意见》，后又于 1925 年发表《城市》论文，将生物群落学的原理和观点用于研究城市社会，开创了城市生态规划研究的新纪元[②]。美国区域规划协会于 1923 年成立，推崇以生态学为基础的区域规划，将生态学与区域、城市规划紧密联系到一起[③]。此后，又有英国建筑师 Unwin 于 20 世纪 20 年代在 Howard "田园城市"理论的基础上，提出"卫星城镇"的概念，即为了疏散大城市的密集人口和压力，控制城市的急剧扩展，而在大城市外围建立的有比较完善的公共服务设施的城镇。至 30 年代，美国建筑师 Wright 又提出了"广亩城市"的概念，认为随着城市发展和人口集中，分散将逐渐成为未来城市规划的原则。1969 年，英国的园林规划师、设计师 McHarg 在其出版的著作《设计结合自然》（*Design*

---

① 张凯旋、孙雪飞：《生态规划的发展历程与学科范式》，《上海商学院学报》2012 年第 4 期，第 49-54 页。

② 鲁敏、李英杰、李萍：《城市生态学研究进展》，《山东建筑工程学院学报》2002 年第 4 期，第 42-48 页。

③ 欧阳志云、王如松：《生态规划的回顾与展望》，《自然资源学报》1995 年第 3 期，第 203-215 页。

with Nature）中，提出了以生态学原理进行规划的方法，建立了一个当时景观的准则，并构建了一个城市与区域规划的生态学框架。1971 年，联合国教科文组织发起了"人和生物圈计划"（Man and the Biosphere Programme，MAB），将城市作为一个生态系统来进行研究，这项计划受到了世界各国各地区的广泛关注，目前已有一百多个国家和地区加入该项计划，并开始了广泛的国际性协作，许多大城市，如华盛顿、法兰克福等都开始进行生态城市的研究和规划[①]。至 80 年代，苏联生态学家 Yanitsky 首次提出了一种新的思想理论——生态城（ecopolis），认为经济、社会、生态环境达到高度融合与和谐的生态城市是一种理想城模式。1980 年 9 月，在西柏林召开的第二届欧洲生态学术讨论会和第十届德国生态学年会，讨论的中心议题，即城市生态系统，从理论和实践方面对城市生态规划进行了许多研究和探索。此后，1992 年 6 月于巴西里约热内卢召开的联合国人类环境与发展大会，强调了可持续发展的重要性，继而为城市生态环境问题的研究注入了新的血液[②]。

（二）规划领域生态缓冲带

除了上文中所说的生态领域的生态缓冲带外，在城市建设和规划中也常常会出现缓冲带，即规划领域的缓冲带。虽然缓冲带在美国产生最初是致力于水土保持，但是近几十年以来也在污染防治方面做出了巨大贡献。在城市的规划和建设中，为了避免和减少工业区对居民的噪声、气体等污染，常常会设置缓冲带，并且随着技术和人们认识的发展，很多国家和地区都颁布了相关文件，对不同情况下的缓冲带的标准都做了具体明确规定。澳大利亚朗塞斯顿城市规划（Launceston Planning Scheme，1996）中也按不同情况规定了不同标准的缓冲带宽度，如聚酯树脂厂与居民区间的缓冲带宽度至少要有1000 米，金属加工厂为 500 米，而水泥厂则只需 100 米。1996 年，颁布的《北

---

① 刘洁、吴仁海：《城市生态规划的回顾与展望》，《生态学杂志》2003 年第 5 期，第118–122 页。

② 鲁敏、李英杰、李萍：《城市生态学研究进展》，《山东建筑工程学院学报》2002 年第 4 期，第 42–48 页。

美应变指南》，以及由美国、加拿大、墨西哥联合制定的 *The Emergency Response Guidebook* 也都对城市规划中危险化学品企业与居民区之间的缓冲带做了具体要求与规定，从而防止这些化学品意外泄露造成巨大伤亡，规定毒性及易燃气体缓冲带宽度为 100~200 米，氨为 200~1100 米等，并且依据情况适时进行调整。此外，迪拜城市工业用地规划指南就根据工业产生的废气、废水、噪音等污染程度的大小，将工业项目分为无污染、轻度污染、中度污染以及严重污染工业，然后根据不同污染程度工业的划分，对缓冲带的宽度也进行了不同程度的规定：无污染工业因不产生气体、噪声等各种污染，无需设置缓冲带；轻度污染工业，例如食品加工行业，缓冲带宽度为 50 米，中度污染工业为 100 米；而污染最为严重的严重污染工业为 500 米[①]。

国外这些城市生态规划等思想理论，虽然与我国生态红线的表述不同，但是都是从空间上进行一定的规划，并且对人类活动进行一定的规划和限制以致力于环境保护，因而在一定程度上是相同的。

第二节 国外有关生态红线的实践经验

一、荷兰兰斯塔德地区的城市建设

城市建设比较典型的案例是荷兰的兰斯塔德地区，其特点是一个多中心的绿心大都市，是由阿姆斯特丹、鹿特丹等多个城市组成的城市群，其多中心的都市组成结构和以绿心为特征的布局形态一直受到世界的广泛关注，成为其他城市规划和建设的典范。环状的城市带和城市化区域形成了兰斯塔德地区多中心的城市区域结构，政府为了防止城市间连片发展，开始购置土地，并且设置缓冲带，在各城市之间形成隔离作用，保护农业用地。

---

① 张文勇、黄婵、沈月华、杨跃林：《探讨国外缓冲带对我国卫生防护距离的启示》，《现代预防医学》2009 年第 12 期，第 2245–2247 页，第 2250 页。

此外，为了缓解和分散城市中心区的压力，让城市向外围扩展，还在城市中心留有空地，进行绿化，使得城市中心保持良好生态环境^①。

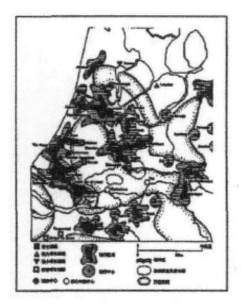

图 3-2　城市生态规划的典型：荷兰的兰斯塔德地区

二、加拿大埃德蒙顿的生态网络建设

埃德蒙顿拥有大量的自然区，绵长的北萨斯喀彻温河从市区穿过，广泛的自然区和半自然景观共同构成了生态网络的基本结构，埃德蒙顿生态网络作为整个北美生态网络的一部分，意义十分重大。该生态网络包括生物多样性核心区、区域生物廊道、连接区和基质四个部分，核心区提供生物生存的基本生境条件，包括三个区域生物多样性核心区，多为并不局限于当地市政范围的非常大的自然区，以及十个完全在市政范围内的生物多样性核心区；区域生物廊道主要是北萨斯喀彻温河流域，该流域不仅是野生动物的重要栖息地，也是其迁徙的重要廊道；连接区主要有踏脚石和廊道两种形式，分

---

① 刘理臣：《生态网络城市研究》，《兰州大学》2008 年。

为自然景观和半自然景区连接区，主要是在核心区和生物廊道之间形成功能上的连接，为动物迁移、植物种子传播等的提供路径；基质则主要是人类活动的住宅区、商业区、农业及工业用地等。这样四个区域共同构成了比较完善的生态网络，致力于生物多样性的保护。同时政府也出台了而许多基于生态网络的政策，比较典型的就是 2005 年由城市自然区指导办公室提出的自然连接规划，一方面通过建设多种生物廊道以连接各斑块，支持物种迁移，加强自然区之间的联系；另一方面，鼓励公众参与生态网络建设和保护，加强人与人之间的联系。2006 年政府自然保护区报告表明，该生态网络的建立完善大大提高了自然区保护的有效性①。

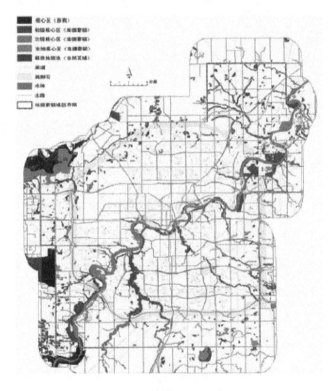

图 3-3　埃德蒙顿的生态网络结构图

① 陈小奎、莫训强、李洪远：《埃德蒙顿生态网络规划对滨海新区的借鉴与启示》，《中国园林》2011 年第 11 期，第 87-90 页。

三、英国的缓冲带建设

英国根据农业区、商业区、工业区、住宅区等不同功能区域的划分，在不同区域之间，设置一个过渡地带，即缓冲区，并且规定了缓冲区的范围。在居民区与农业区间设置缓冲带，可以作为城市绿地、公园等休闲娱乐场地，并且根据农业区农作物耕种、种植果树、蔬菜等土地不同的使用方式，规定了50至800英尺的不同标准的缓冲带宽度（如图3-4所示）。工业区和居民区之间的缓冲带包括两个区域，即商业区域和商业办公或政府办公区域，并且规定这个缓冲带一般应不小于300英尺（如图3-5所示）。

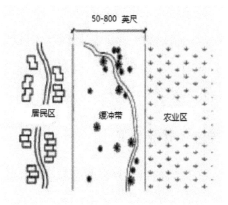

图 3-4　英国农业缓冲区示意图

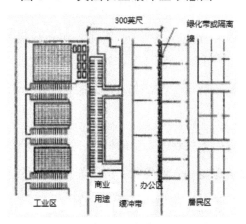

图 3-5　英国工业缓冲区示意图

第三节　国内有关生态红线的研究进展

我国城镇化进程的日益加速，在发达国家出现过的环境污染、生态退化等问题开始涌现。我国传统的城镇规划管理理念和方法遭到质疑和挑战，由此催生出"反规划""生态安全格局"等带有生态区域管制意味的新理念和新方法。随着城镇环境问题的不断凸显，资源环境研究领域也开始反思自身在规划理念、思想、方法等方面的不足。耕地红线、水资源红线等应运而生，生态红线概念由此逐渐得到广泛应用和强化。

对于国内而言，生态红线是个较新的概念，学术领域对于生态红线的研究也尚处于探索阶段。虽然对于生态红线的基本认识是大体一致的，但是对于生态红线的基本理论、划分方法、规划管理等具体方面尚没有形成统一的观点，目前仍处于百家争鸣的探索阶段。

一、生态红线相关理论研究

1984年马世骏、王如松提出了复合生态系统理论，认为社会、经济和自然是三个不同性质的亚系统，即"社会—经济—自然复合生态系统"。复合生态系统理论在生态红线中的应用是以红线区域为整体，通过生态规划、生态管理与生态保护，因地制宜安排工业、农业及城市布局，将单一的生物环节、物理环节、经济环节和社会环节组装成一个具有强生命力的生态经济系统，实现社会、经济与环境目标的耦合，使整个红线区域内人与自然和谐共生。

1989年，我国引入景观生态学的概念，我国的诸多学者在景观生态学、生态规划、景观生态规划方面发表完成了大量的文献著作和理论研究，对景观生态学基础理论的探索做出了贡献。例如，北京大学城市与环境学系王仰麟、韩荡认为景观生态原理至少应包括三个方面的内容，即综合整体论、水平异质性—空间结构及垂直异质性—相互关系，并具体划分为整体性原理、时空尺度与等级层次原理、镶嵌稳定性与生态控制三项基本原理。景观生态学旨在保证其生态整体性的实现，这与生态红线的目标基本一致。

2002 年，北京大学风景园林学教授俞孔坚首次提出了"反规划"理论，强调生命土地的完整性和地域景观的真实性是城市发展的基础。其维护和强化整体山水格局的连续性、维护和恢复河道和海岸的自然形态、保护和恢复湿地系统等关键战略与生态红线的实践一致。

二、生态红线划分研究

生态红线划分在我国各省市已有不少实践，但生态红线划分技术方面的研究却不足，关于生态红线划分理论、指标及技术的文章很少。冯文利通过宏观分析中国的土地利用、覆盖变化与生态安全的相互作用关系，强调了建立土地利用生态安全格局的重要性；并以北京市海淀区为案例，考虑海拔、坡度、人口密度、城市热岛强度等一系列自然社会经济因素，确立红线保护区域。符娜等以生态脆弱性和生态系统服务功能作为划定依据，对云南省土地利用规划划定生态红线区。刘雪华等则以生态系统敏感性、生态系统服务功能和自然生态风险为考虑因素、指标，对环渤海地区进行区域划分，细分为生态红线区、黄线区和可开发利用区。许妍等则在分析渤海生态环境特征基础上，从"生态功能重要性、生态环境敏感性、环境灾害危险性"三方面建立了渤海生态红线划定指标体系，在此基础上确定了渤海生态红线区。冯宇则对呼伦贝尔草原区生态红线划分方法做了探索。显而易见，各学者划分生态红线选取的指标依据技术不尽相同，目前尚无统一、权威的生态红线划分技术。

三、生态红线管理研究

目前对于生态红线管理的研究主要集中在管理的手段以及管理模式方

面，且多以规划文件的形式呈现，以城镇为研究对象。一般而言，规划中综合考虑到经济、社会、生态三维目标的可持续发展，同时将资源、资金、技术、信息等生产要素包容在整体生态红线区域管理理念中，其本质在于建立生态红线区域管理框架，提高相关部门的运行效益，提高区域规划在整体发展的科学性和可操作性。同时也有一部分研究以学术文献的形式呈现，如饶胜等系统梳理了生态红线的概念与内涵，对生态红线的管理进行了讨论并提出初步建议。何光汉认为地域分异的规律客观上要求进行空间管理，空间均衡是空间管理的目标状态，而最终目标则是实现区域的可持续发展，并提出区域规划、区域政策以及绩效考核可作为区域空间管理的手段；张丽君、喻锋等在现有的主体功能区、重点生态功能规划等的基础上，整合出"生存线、发展线、生态线"优化国土空间的布局，崔莉提出分类、分区、分级三级管控措施相结合的空间管理体系。

第四节　国内有关生态红线的实践经验

近 10 年来，环境规划院围绕生态红线划定、环境功能区划等内容，开展了大量基础研究与规划实践工作。2005 年，由环境规划院牵头编制、广东省人大审议批复颁布实施的《珠江三角洲环境保护规划纲要（2004 — 2020 年）》，首次提出了相对完整的"红线调控、绿线提升、蓝线建设"三线调控的总体战略。此后，环境规划院在之后的实践中也不断地探索和完善生态红线的科学划定和管控方法。在 2006 年《长三角区域规划生态环境建设与保护专题规划》，2011 年《长吉联合都市区环境保护战略研究》等规划中，都不同程度开展了空间管控与生态红线划分等工作，丰富和完善了生态红线的理论与实践基础。在此基础上，经过不断的探索与完善，终于在 2011 年开展的《福州市环境总体规划》中，形成了一套比较完整的生态红线划定管理体系。

2013 年 8 月，江苏省率先公布有环保厅牵头完成的生态红线区域规划，成为第一个发布省级层面生态红线的地区。随着环境保护部 2014 年初发布了《国家生态保护红线—生态功能基线划定技术指南（试行）》纲领性技术指导文件，各级地方政府在生态红线实践中开始了积极探索（见表 3-1）。省级层面上，如广东、陕西划定了林业生态红线，天津发布了生态用地保护红线划定方案，上海生态红线也将年内划定等。市级层面上，以江苏为例，已有南京、扬州、南通、无锡等多个城市发布了生态红线区域保护规划。

表 3-1　生态红线理论与实践的发展

时间	项目	意义
2005 年	由环境规划院牵头编制、广东省人大审议批复颁布实施的《珠江三角洲环境保护规划纲要（2004-2020 年）》	提出了"红线调控、绿线提升、蓝线建设"的三线调控总体战略 环境规划领域首次探索提出完整意义上的生态红线概念
2005 年	《京津冀都市圈生态环境建设与保护规划》	丰富了生态红线的理论与实践基础
2006 年	《长三角区域规划生态环境建设与保护专题规划》	
2011 年	《长吉联合都市区环境保护战略研究》	
2011 年	《福州市环境总体规划》	形成一套完整的理论与实践基础
2013 年 8 月	江苏省率先公布有环保厅牵头完成的生态红线区域规划	第一个发布省级层面生态红线的地区
2014 年	环保部发布《国家生态保护红线—生态功能基本线划定指南（试行）》	各级地方政府在生态红线实践中开始了积极探索

一、江苏省生态红线划定与管理

江苏省生态红线区域是在对区域生态环境现状评估和生态环境敏感性评估的基础上，以自然生态系统的完整性、生态系统服务功能的一致性和生态空间的连续性为基准，通过分析生态系统服务功能的重要性划分的。

全省共划分为 15 类生态红线区域，分为两级管控。全省共划定 779 块生态红线区域，总面积 24103.49 平方千米。其中，陆域面积 22839.58 平方千米，占全省国土面积的 22.23%，陆域面积中一级管控区面积 3108.43 平方千米，二级管控区面积 19731.15 平方千米，二者分别占全省国土面积的 3.03% 和 19.2%；而海域生态红线区域总面积为 1263.91 平方千米，其中，一级和管控区面积分别为 58.13 平方千米、1205.78 平方千米。

（一）生态红线划定的依据及目标

江苏省生态红线区域保护规划是根据江苏省自然地理特征和生态环境现状，以及全省和各地经济发展规划、主体功能区划等相关规划，按照"保护优先、合理布局、控管结合、分级保护、相对稳定"的原则制定的。目的是通过生态红线的区域划分，对重要的生态功能区和生态敏感脆弱区等相关区域进行严格的保护，构建和完善生态安全格局，使得一些物种以及整个生态环境、生态系统得到有效的保护，加强和推进全省生态文明建设。

（二）生态红线划分的类型及标准

该区域规划依据相关标准，共划分出 15 种生态红线区域类型，分别是：自然保护区、风景名胜区、森林公园、地质遗迹保护区、湿地公园、饮用水水源保护区、海洋特别保护区、洪水调蓄区、重要水源涵养区、重要渔业水域、重要湿地、清水通道维护区、生态公益林、太湖重要保护区、特殊物种保护区等。

（三）生态红线区域管控的措施及要求

江苏省生态红线区域实行分级分类管理。首先，明确每一生态红线区域的主导生态功能，并将其划分为一级和二级管控区，针对不同级别，实行不同标准的管控措施。其中，一级管控区严禁一切形式的开发建设活动，实行最为严格的管控；二级管控区则严禁有损主导生态功能的开发建设活动，以生态保护为重点，实行差别化的管控措施。其次，生态红线区域还按照不同类型实施分类管理，每一类管理都按照相关法律法规执行，若同一生态红线区域兼具两种及两种以上类别，则按最严格的要求执行监管措施。

（四）生态红线区域的生态补偿转移支付

针对生态红线区域的生态补偿，主要通过转移支付进行，并出台了生态红线区域的生态补偿转移支付办法。从基本原则、支付范围、资金分配办法、资金使用范围、资金管理与监督等方面进行了规定。

在基本原则方面，坚持"统筹兼顾，突出重点""因地制宜，分类处理""公平公正，公开透明""奖补结合，强化约束"等四项基本原则。"统筹兼顾，突出重点"，是指对一级和二级管控区均应给予适当资助，其中一级应给予重点补助；"因地制宜，分类处理"，则是根据分级分类原则，对不同级别和类型的生态红线区域，采取不同的资助标准；"公平公正，公开透明"，则要求采用科学标准和方法，确定补偿资金，并且向社会公众公布补偿资金分配结果等相关信息，接受社会大众的监督；"奖补结合，强化约束"，则是坚持"谁保护，谁受益"的原则，建立区域监测考核机制，从而为奖惩提供依据，激励人们的生态环境保护行为。

在转移支付范围的确定上，具体以市、县（市）为单位，将具有重要生态功能作用、提供重要生态产品的生态红线区域列入转移支付测算范围，具体包括自然保护区、风景名胜区等上文提及的 15 类生态红线区域。

在资金的分配方面，主要是由上级政府向下级政府进行纵向转移支付，省级财政分配一定的生态补偿转移支付资金给下面的各级政府。该补偿资金应该包括补助和奖励两个部分，主要以补助资金为主。其中补助的部分应综合考虑各县市生态红线区域的面积、级别、类型等各种因素，以及地区的经济发展水平和财政状况，科学发放。而奖励的部分则应根据有关部门对各县市红线区域相关任务完成状况的定期考核，依据考核的结果，公平分配。如发生重大污染事件，导致本地区生态环境受到严重影响或考核不合格的，取消该地区年度考核奖励资格。

在资金使用范围方面，省级生态补偿转移支付资金全部用于生态红线区域内的环境保护、生态修复和生态补偿。各市、县（市）要按照集中财力办大事的要求，整合相关专项资金，增加本级财政投入，进一步加大生态红线区域保护和修复力度。

在资金的管理与监督方面，各市、县（市）应切实增强主体责任意识，加大生态环境保护投入，按照《江苏省生态红线区域保护规划》实施要求，编制生态补偿转移支付资金使用计划，加强资金使用管理，努力提高资金使用绩效，每年年终将省级生态补偿转移支付资金使用情况报送省财政厅备案。省财政厅、环保厅会同有关部门开展相关绩效评价工作，对资金使用情况进行监督检查。

（五）主要成就

1. 红线区域的划分和管理具有科学性

生态红线区域的划分和界定主要依据江苏省自身自然地理特征、生态保护需求以及主体功能区划、环境保护规划等指标，并且遵循一定的科学原则进行划定。此外，在红线区域的具体管理上，江苏省根据不同类型红线区域的具体情况，设立不同的标准，并且将红线区域依据情况划分为不同级别的管控区，实行分级管控，具有针对性和合理性，并且有利于各地因地制宜。江苏省生态红线区域的划分和管理理论性强，实践性高，具有首创性，为其他省市和地区提供了参考。

2. 构建了比较完善的生态补偿框架

与其他地区的生态红线相关文件和实践相比，江苏省在生态补偿的各相关方面做了十分具体详细的规定。首先确立了生态补偿的基本原则、支付的范围，其次在资金的分配、使用和监督管理方面都做了具体的详细说明与要求，并且确立了相关法律条文，如《江苏省生态红线区域保护监督管理考核暂行办法》等，作为相关的法律依据，构建了一个比较完整的生态补偿框架。

二、沈阳市生态红线划定与管理

（一）生态红线的划分标准

根据沈阳市自然地理特征和生态保护需求，结合全省和各地区国民经济发展规划、主体功能区规划、环境保护规划和各部门专项规划等，划分出 6 种生态红线区域类型：

1.自然保护区、重要生态保护地、风景名胜区、森林公园、湿地公园、饮用水水源保护区；

2.重要的河流、湖泊、水库、灌渠、湿地、城市明渠及其保护范围；

3.坡度大于 25 度的山体及其保护范围；

4.需要进行保护的生态敏感脆弱区、生态廊道、大面积人工防护林及一定规模的城市绿地等区域；

5.土壤环境保护优先区域；

6.其他具有重要保护意义的区域。

（二）生态红线区域分级分类管控措施

生态保护红线区按照重要程度分为一类区、二类区。一类区是具有极其重要的保护意义的区域，包括饮用水源保护区、自然保护区的核心区和缓冲区以及重要生态保护地的红线区域，二类区为除此之外其他具有比较重要保护意义的区域。对于一类区，除了市政府批准的重大基础和公共服务设施工程外，禁止建设一切与生态保护无关的项目。而二类区内也只能建设重大基础和公共服务设施工程，以及不破坏主体功能的生态农业、旅游等工程设施，其他无关项目也均被禁止。此外，对于一类和二类区内所有的项目要制定相关生态恢复治理方案，在建设时也要同时注重实施保护和治理方案。同时，要控制区域内现有的建设项目的规模，不能增加区域内污染负荷，对于污染物排放超标的，应限期治理，对不符合红线区内主体生态功能的建设项目也应有计划地迁出。

在生态保护红线区内不得有下列行为：

1. 焚烧落叶、烧荒、露天烧烤、私搭乱建；

2. 放牧，使用剧毒、高毒农药；

3. 破坏林木、草地，随意捕杀野生动物，采集野生药材，和其他破坏生物多样性的行为；

4. 擅自取土、挖砂、采石、开矿；

5. 私自挖塘、挖沟、筑坝、开采地下水；

6. 新建排污口，随意排放污水或倾倒垃圾；

7. 其他人为破坏生态环境的行为。

（三）生态红线的划定和公布程序

生态保护红线的划定方案应主要由环境保护行政部门负责组织有关部门进行编制，并且采取听证会等形式征集各有关部门、专家以及社会大众的意见，将听证会的结果向社会进行公示，并且公示时间不少于30日，从而接受社会各界的监督。此外，生态保护红线划定方案还应经市生态保护红线联席会议讨论，讨论通过后，报市政府批准，并且在自批准之日起的15日内，向社会公布。

由于上位规划调整等原因，确需对生态保护红线进行局部调整的，应当按照下列程序进行：

环境保护行政部门会同有关部门对生态保护红线规划修改的必要性进行论证，报经市人民政府同意后组织编制生态保护红线调整方案；调整方案应当征求市人民政府相关部门和区、县（市）人民政府以及规划地段内利害关系人的意见，采取论证会、听证会或者其他方式征求专家和公众的意见，并向社会公示，公示时间不少于30日；调整方案经市生态保护红线联席会议讨论通过后，报市人民政府批准；生态保护红线调整方案应当自批准之日起 15 日内，向社会公布。

（四）生态保护红线管理工作协调机制

1. 环境保护行政部门负责组织有关部门编制生态保护红线的划定和调整方案，对生态保护红线进行综合评估、评价，对生态保护红线区进行生态环境监测和预警工作，依法对环境违法行为进行查处；

2. 发展改革行政部门负责将生态保护红线规划纳入主体功能区规划，负责红线区内项目管理；

3. 土地规划行政部门负责将生态保护红线规划纳入城市总体规划，做好与土地利用总体规划的衔接，监管生态保护红线区内的土地利用，依法对红线内违法用地行为进行查处；

4. 财政部门负责将生态保护补偿资金列入财政预算，并监督资金使用情况；

5. 林业行政部门负责依法对生态保护红线区内的林地、湿地、自然保护区等进行管理，查处相关违法行为；

6. 水行政部门负责依法对生态保护红线区内河道、水库、滩地、灌渠等进行管理，查处相关违法行为；

7. 农业、城建等行政部门负责依法对生态保护红线区内有关农业、城建等项目进行监督和管理，查处相关违法行为；

8. 行政执法部门负责对生态保护红线区内违法建设等行为进行查处；

9. 市人民政府其他相关部门应当按照各自职责，做好生态保护红线区的保护和管理工作。

（五）主要成就

1. 部门职能划分明确，协调机制出现雏形

办法规定市人民政府建立生态保护红线管理工作协调机制，组织由环境保护、发展改革、土地规划、财政、林业、水利、农业、城建、行政执法等部门参加的联席会议，研究决定生态保护红线划定、调整等重大事项。

2.明确生态区的责任主体

区、县（市）人民政府是维护本辖区内生态保护红线区完整的责任主体，负责红线区内生态保护与建设工作，并按照职责组织协调红线区内违法建设、违法用地的查处工作。

3.明确生态红线的划定程序和公布程序

环境保护行政部门负责组织有关部门编制生态保护红线划定方案；生态保护红线划定方案应当征求市人民政府相关部门和区、县（市）人民政府意见，采取论证会、听证会或者其他方式征求专家和公众的意见，并向社会公示，公示时间不少于30日；生态保护红线划定方案经市生态保护红线联席会议讨论通过后，报市人民政府批准；生态保护红线划定方案应当自批准之日起15日内，向社会公布。

4.建立了一系列的生态红线区域管理制度

建立生态保护红线区生态功能评价和管理成效评估制度，完善生态环境监测预警机制，以生态保护红线区为重点编制自然资源资产负债表。

三、天津市生态红线划定与管理

（一）划分标准

天津市生态用地保护红线划定的保护区域包括：自然保护区、河流、湖泊、防护林带、城区周边绿地、绿廊、绿化带以及地质、森林公园等区域。这些区域多为具有一定的特殊生态功能，并且生态比较脆弱敏感的区域，需要减少人为活动对这些区域生态环境的影响，采取措施加强保护。

（二）分类保护

在对天津市域范围内各类自然资源现状汇总和梳理的基础上，划定方案结合天津市"山、河、湖、湿地、公园、林带"的自然资源特色，将生态用地保护区类型划分为 6 大类、16 小类。具体情况如下：

山：天津市山区面积虽然不大，但是植被茂密，林木绿化率达到 44%，动植物资源丰富，是天津重要的水源涵养地和生物多样性的物种基因库。

河：包括市域范围内 19 条一级河道及引滦水源输水河道，引黄、南水北调东线输水河道，南水北调中线天津干线共计 22 条。其中，红线区为河道控制线及以外每侧一般不小于 25 米的范围，红线区以外为黄线区。城镇段按红线区控制；非城镇段包括红线区和黄线区，其中黄线区每侧宽度一般不小于 100 米。

湖：包括水源水库和其他重要大中型水库。其中，北大港水库西库为北大港湿地自然保护区的核心区，东库位于北大港湿地自然保护区的实验区；团泊洼水库是团泊鸟类自然保护区的重要组成部分。

湿地：包括湿地自然保护区沽海岸与湿地国家级自然保护区、大黄堡湿地自然保护区，蓄滞洪区的重要组成部分洼淀和盐田。

公园：划定方案将市域范围内重要的城乡绿地纳入生态用地保护范围，具体包括《2011 — 2015 年天津市造林绿化规划》中确定的 16 处郊野公园以及中心城区、滨海新区范围内，面积在 0.1 平方公里以上的 26 处重要城市公园及苗圃。

林带：包括外环线绿化带，中心城区周边楔型绿地、中心城市绿廊、西北防风阻沙林带、沿海防护林带及交通干线防护林带。具有控制城市蔓延、防风固沙、涵养水源和生态防护等重要功能。

方案划定全市生态用地保护范围面积约 2980 平方公里，约占市域国土总面积的 25%，其中红线区总面积约 1800 平方公里，占市域国土总面积的 15%。

（三）分级管理

生态用地保护实行分级管控，划分为红线区和黄线区。红线区内除已经依法审定的规划建设用地外，禁止一切与保护无关的建设活动。黄线区内从事建设活动应当经市人民政府审查同意。

红线区、黄线区内涉及自然保护区的部分，应按照有关自然保护区的法律、法规和规章等实施严格的保护与管理；不同类型保护区的重叠部分，按照最严格的管控标准实施保护和管理。

（四）实施保障

1.建立完善目标责任制

明确各类生态区域的责任主体，各级政府及有关部门的属地责任、监管、法律责任，对山、河、湖、湿地、公园及林带的管控实行目标责任制，确保管理到位、保护到位。

2.建立健全生态政绩考核评价体系

将资源消耗、环境损害及生态效益等指标纳入经济社会发展评价体系，避免出现只重视经济增长而忽视生态环境的现象。同时建立生态环境的政府问责机制，对于未认真履行职责而对生态环境造成严重后果或恶劣影响的，依法追究责任。

3.健全生态保护执法工作体系

生态红线、黄线划定后要依法保护、依法监督、依法治理，使生态红线成为不能逾越、不能触碰的"高压线"。

4.动员全市人民共建共享

加强舆论宣传，普及环保知识，提升公众生态意识、环保意识及节约意识，营造保护环境光荣、污染环境可耻的社会氛围。

（五）主要成就

1.提供了分类保护模式

结合天津市"山、河、湖、湿地、公园、林带"的自然资源特色，将生态用地保护区类型划分为6大类、16小类，有利于依据山、河、湖等不同地区的自然地理特征等条件做出不同的具体可行的规定和实施办法。

2. 生态红线生态用地划分具体细致

采用分级和分类管理，将二者结合起来，进行更为细致的划分，更为具体、合理（见表3-2）。

表3-2　生态用地分级管控一览表

类型	分级管控	
	红线区	黄线区
山	山地自然保护区、国家森林公园、国家地质公园景区	
河	河道管理范围	河道管理范围外两侧一般不小于100米范围
湖	水库管理范围	水库管理范围外一般不小于200米范围
湿地	湿地自然保护区红线区、缓冲地、洼淀，盐田	湿地自然保护区试验区
公园	郊野公园和城市公园	
林带	外环线绿化带、中心城区周边楔形绿地、中心城市绿廊、西北防风阻沙林带、沿海防护林带和交通干线防护林带	

下表为深圳、江苏等各个地区生态红线区域的划分、分级，以及红线区域面积占比的介绍。

表3-3　各地生态红线区域划分一览表

项目	划分依据	生态红线区域类型	分级控制	面积占比（%）
深圳市	根据城市环境特征、生态服务功能重要性、城市发展总体规划	一级水源保护区、风景名胜区、自然保护区、集中成片的基本农田保护区、森林及郊野公园：坡度人于25%的山地、林地以及特区内海拔超过50 m、特区外海拔超过80 m的高地：主干河流、水库及湿地：维护生态系统完整性的生态廊道和绿地：.留屿和具有生态保护价值的海滨陆域等	不分级	50

续上表

项目	划分依据	生态红线区域类型	分级控制	面积占比(%)
珠江三角洲	根据区域生态环境敏感性、生态服务功能重要性和区域社会经济发展方向的差异性	自然保护区的核心区、重点水源涵养区、海岸带、水土流失极敏感区、原生态系统、生态公益林等重要和敏感生态功区	三级分区中的严格保护区	12.13
江苏省	根据自然环境条件、生态环境敏感性、生态服务功能重要性、生态系统的完整性和生态空间的连续性	自然保护区、风景名胜区、森林公园、地质遗迹保护区、湿地公园、饮用水水源保护区、海洋特别保护区、洪水调蓄区、重要水源涵养区、重要渔业水域、重要湿地、清水通道维护区、生态公益林、太湖重要保护和特殊物种保护区	分为一级管控区和二级管控区	22.23
沈阳市	根据沈阳市自然地理特征和生态保护需求，结合全省和各地区国民经济发展规划、主体功能区规划、环境保护规划和各部门专项规划	（1）自然保护区、重要生态保护地、风景名胜区、森林公园、湿地公园、饮用水水源保护区； （2）重要的河流、湖泊、水库、灌渠、湿地、城市明渠及其保护范围； （3）坡度大于25度的山体及其保护范围； （4）需要进行保护的生态敏感脆弱区、生态廊道、大面积人工防护林及一定规模的城市绿地等区域； （5）土壤环境保护优先区域； （6）其他具有重要保护意义的区域	生态保护红线区按照重要程度分为一类区、二类区	
天津市		自然保护区（山地自然保护区、湿地自然保护区）、国家地质公园（景区）、森林公园、郊野公园、城市公园、盐田、洼淀；河流（一级河道、输水河道）；湖泊（水库）；高速公路、铁路两侧的交通干线防护林带以及为维护生态系统完整性，需要严格保护的中心城区周边楔型绿地、中心城市绿廊以及外环线绿化带、西北防风阻沙林带、沿海防护林带		

第五节　研究的不足及实践存在的主要问题

一、研究方面的不足

（一）生态红线理论研究不足

在学术研究领域，对于生态红线的基本认识是一致的，划定生态红线的目的是为了保护整个生态系统，构建和完善生态安全格局，优化国土空间布局。但是由于生态红线目前在国内仍是个比较新的概念，学术界对于许多具体方面比如生态红线的具体内容、划分方法等方面的研究尚未达成一致，对于哪些区域可以开发，哪些区域不能开发、保护什么、怎么保护等具体实施方面，存在着许多不同的观点，目前均处于探索试验阶段。

（二）城市空间规划方法不一

我国目前生态空间日益受到威胁，生态环境呈极其脆弱的态势。关于城市生态空间规划的编制、实施管理，已引起广泛重视，许多城市都根据自身自然经济状况，提出了一套甚至多套城市生态规划。这些生态规划或者难以在下位规划中贯彻，或者难以规划实施操作，抑或打着保护生态空间的幌子，其实为保护所谓地方利益迎合了开发商利益，使具有生态功能的用地沦为建设用地。

（三）生态红线内涵需进一步明确

目前对于生态红线的具体内涵尚未有明确的规定。根据 2011 年《国务院关于加强环境保护重点工作的意见》和《国家环境保护"十二五"规划》，生态红线是一种空间概念，主要指重要生态功能区、陆地和海洋生态环境敏感区、脆弱区等区域。而 2013 年启动的生态红线保护行动中划定的林地和森林、湿地、荒漠植被、物种四条红线落脚点为"量"，认为生态红线是一种数量概念。

二、实践存在的主要问题

（一）生态红线划分的思路与技术方法需规范

由于对生态红线内涵认识上的差异，当前对于红线的划定也存在思路上的分歧，存在多种思路。当前很多地区都是仅仅以生态要素为基础构建红线管理体系，但是也有人认为要从宏观角度出发，以"大生态"概念为基础划分红线区域。另一方面，由于目前尚未建立划定生态红线的标准和技术规范，即便生态红线的划分思路相同，也难以在技术方法和标准上达成一致，给生态红线的划定工作带来一定难度。

（二）生态红线划分标准不一、分级管理无标准

全国各省市生态红线划分标准各有不同，有的是按照生态功能区域划分，划分为森林保护区、湖泊保护区，有的则是按照"保有量"划定生态红线，有的则是以上两种方法混合使用，目前对于如何划分生态红线无规范性文件。同时，对于生态红线区内的管理也是一片空白，所以导致目前生态红线管理各省市千篇一律，内容空泛，并无很大的可操作性。

（三）生态红线的管理措施仍需完善

当前我国的环境管理方式一方面采取强制性依法执行规划及分区成果，另一方面也赋予了相关管理部门一定的自由裁量权。这种管理方式一方面具有一定的灵活性，有利于各地各部门因地制宜地进行管控，另一方面也能够强制性地保证生态红线的有效实施。如何在这种既定的管理框架内，制定具有较强可操作性并易于实施的具体管控措施，完善管理体系，保障生态红线划定和管控的顺利实施，这是当前需要思考的重要问题。

（四）生态红线需建立法律保障

合理明确的法理基础是实施空间管制的重要保障，这一点在城乡规

划中就有明确体现。2008 年开始实施并经过多次修订的城市总体规划的主干法——《城乡规划法》，以及作为从属法规的《城市规划编制办法》都在不同条目提到了空间管制，对城市规划中涉及的空间管制内容做了详细说明和规定。除此之外，《土地管理法》也要求实行土地用途管制制度，并制定建设用地空间管制政策。当前，生态红线仍处于探索阶段，亟需出台相应的法律文件，以规范人为活动，保障生态红线空间管控的顺利实施。

第四章　武汉市湖泊生态红线管理体系构建概况

第一节　武汉市湖泊生态红线划定现状

一、武汉市湖泊生态红线提出背景

改革开放以来,由于大力发展经济,忽视对环境的保护,我国环境污染、资源约束与生态恶化趋势明显,许多地区的环境的生态调节与服务功能持续恶化,甚至威胁到人类的居住环境,同时相关的管理部门也是缺乏有力的、统一的生态保护监督机制,难以落实"统一法规、统一规划、统一监督"的要求。

在这样恶劣的生态环境下,2005年,广东省首次提出"生态红线",并以深圳市作为试点,在我国城市规划中首次提出划定基本生态控制线。生态红线的实质是生态环境安全的底线。可以分为生态功能保障基线、自然资源利用上线、环境质量安全底线,是服务于人类环境、资源和生态三大红线体系的综合概念①。2013年,环保部制定了《生态红线划定技术指南》,明确了生态红线的划定范围和技术流程,并且对广西、湖北等地开展红线划定的试点工作,确定划定方案,从而提高生态红线划定的可操作性和科学性。

湖北作为试点省市之一,按照要求,其划分的生态红线区域面积平均达

---

① 朱前涛:《耕地红线与生态红线概念比较》,《中国土地》2015年第3期,第24–26页。

到全省国土总面积的 20% 左右。湖北省素有"千湖之省"的美誉，其水生态环境更加受到重视。

武汉历来被称为"百湖之城"，水域面积宽阔，因水而兴的武汉市具有丰富的水资源，但是由于发展经济，盲目地进行城市建设，忽视对湖泊等水体的保护，湖泊面积骤减，湖水遭到严重的污染。同时，由于湖泊锐减，城市内涝问题也随之出现，武汉市逐步被置于"优于水而忧于水"的尴尬境地。影响了城市的发展。随着国家重视自然生态环境，将生态文明建设纳入国民社会发展的重要指标中，武汉市也积极响应，进一步加强对湖泊的保护和环境修复工作。武汉市汲取国内外先进的治水理念和科学技术，也加强了生态红线的划定工作。通过水资源配置和水生态系统的有效保护，积极开展湖泊环境保护和生态修复工作，维护湖泊生态平衡，加强对湖泊的保护工作。

二、武汉市湖泊红线相关政策指标

（一）湖泊保护相关政策提出的背景

新中国成立以来特别是改革开放以来，我国逐渐重视对水资源的保护，形成了以水功能区管理为核心的保护体系，但从总体上看，我国水资源现状不容乐观，存在许多问题，主要表现在以下几个方面。首先，水资源利用效率，特别是农业灌溉用水效率较低；其次，与发达国家相比，万元工业增加值用水量偏高；最后，河、湖、地下水污染和超采严重。

随着工业化和城镇化进程的不断加快，我国水资源生态环境面临着更加严峻的形势。针对近年来水资源的严峻现状，2011 年，中央颁布一号文件，实行最严格的水资源管理制度，确立用水总量、效率和水功能区限制纳污"三条红线"，着力改变当前经济发展过程中出现的水资源过度开发、利用效率低造成的严重浪费，以及水污染严重等问题。事实上，在此之前，水利部已经在山东、北京等地建立起省、市、县三级最严格水资源管理制度"三条红线"控制指标，并逐级分解下达，得到有关部门的认可[①]。

原先武汉市境内湖泊星罗棋布，水域面积占全国各大城市之首，湖泊对于改善城市的气候、促进经济发展方面起了重要作用。但是在经济发展以牺牲环境为代价的发展模式下，湖泊环境问题日益暴露。一是湖泊面积大幅度减少，特别是20世纪末到21世纪初更为明显，如图4-1所示，1987年到2013年武汉市湖泊面积持续减少。由于早期城市化发展速度加快，城市盲目扩展，城市用地增加，填湖造陆的成本低、带来的收益高，同时加上部分天然湖泊的土地权属不明，法律中缺乏相应的处罚措施，造成大面积的填湖造陆的现象出现。进入21世纪后虽然加强了法律法规的制定，禁止填湖造陆的行为出现，但是由于监管较为松散，部分湖泊仍然出现被侵占的情况，如南湖、东湖、塔子湖都有类似的现象。二是湖泊污染问题突出。武汉市湖泊污染主要来源于工业废水和生活污水。虽然经济快速发展，但是许多企业的生产技术仍然十分落后，纳污管理也只是限于部分企业。同时受利益的驱使，部分企业完全不顾社会责任，偷偷排污，加剧了湖泊的污染。同时武汉市也是一个人口较为密集的城市，但是居民保护环境的意识不是很高，生活污水随意排放，加重了湖泊的污染。基于这样的实际情况，加强对武汉市湖泊的保护，实现滨江、滨湖特色城市和山水园林城市的建设目标，保护湖泊资源的公共性和共享性等刻不容缓。

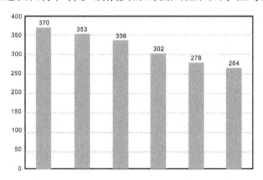

图4-1　1987—2013年武汉市湖泊面积变化图（单位：km^2）

---

① 陶洁、左其亭、薛会露、窦明、梁士奎、毛翠翠：《最严格水资源管理制度"三条红线"控制指标及确定方法》，《节水灌溉》2012年第4期，第64—67页。

（二）"三条红线"控制指标

为了更好地管理利用水资源，中央提出建立"三条红线"和"四项制度"。即确立水资源开发利用控制红线、用水效率控制红线和水功能限制纳污红线，并建立相应的用水总量控制制度、有水效率控制制度、水功能限制纳污制度以及管理责任和考核制度。为此，国务院相继制定了《实施最严格的水资源管理制度工作方法》《最严格水资源管理制度考核方法》《关于实施最严格水资源管理制度的意见》等文件，指导各省、直辖市确定"三条红线"具体目标等内容。

湖北省作为全国水资源大省，作为建立最严格水资源管理制度的试点城市之一，严格按照相关文件要求，实行最严格水资源管理制度，在已有控制指标的基础上健全覆盖省、市、县的水资源管理"三条红线"控制指标体系，落实实行最严格水资源管理制度考核工作方案，建立和完善水资源管理系统。2015 年完成水利部下达湖北省加快实施最严格水资源管理制度试点任务。建立水资源承载能力监测预警机制和水资源论证公众参与机制，对取用水总量达到或超过控制指标的地区暂停审批建设项目新增取水。根据上述文件要求，湖北省 2015 年、2020 年、2030 年用水总量控制的目标分别为 315.51 万亿、365.91 万亿、368.91 万亿立方米，用水效率控制目标是到 2015 年万元工业增加值用水量比 2010 年下降 35%、农田灌溉水有效利用系数为 0.496，水功能区水质达标率控制目标到 2015 年、2020 年、2030 年分别是 78%、85%、95%。

根据"一号文件"提出的最严格水资源管理制度，按照湖北省总体指标要求，武汉市也根据实际情况，规划实施武汉市最严格水资源管理制度，并于 2014 年 8 月 25 日在武汉市政府常务会上通过了《武汉市政府关于实行最严格水资源管理制度的意见》。

首先，建立水资源开发利用的控制红线，实行严格的总量控制。对于取水总量已经达到或者超过总量控制指标的地区，暂停审批建设项目的新增用水，而接近控制指标的地区，则对其进行限制。为了促进控制目标的实现，政府采取了水资源论证、有偿使用等多种形式和措施，《武汉市政府关于实行最严格水资源管理制度的意见》（下简称《意见》）要求全市新上新的取水项目都要依法开展水资源论证，如未开展，将不予审批；同时《意见》还对地下水开采、污水处理以及推广节水技术工艺等方面做了具体规定；按照《意见》，各区的实行情况将被纳入绩效管理目标，作为对相关部门和领导绩效考核的重要依据。

其次，建立用水效率控制红线，遏制水资源的严重浪费。用水效率红线是一个综合性的指标，不仅包括水定额，还包括用水效率，既可以宏观来看，也可以微观来看。由于工农业用水占到总用水量的90%，因而提高工农业用水效率是十分重要的，有关部门主要根据万元工业增加值用水量和农田灌溉水的有效利用系数这两个指标，对工农业用水效率进行检验和控制。武汉市通过的《意见》对这两项指标也有明确规定，要求前者用水量下降到73立方米以下，后者系数提高到0.51以上，全面提高用水效率。

最后，建立水功能区限制纳污红线，严格控制入河排污总量。这项红线指标是涉水项目应严格考虑的因素，同时也是各级政府管控的重要内容。根据武汉市《意见》计划要求，2015年实现对全市108个水功能区的全覆盖监测，并努力将重要江河湖泊水功能区水质达标率提高到72%，同时湖泊周边禁止新设排污口，对已有的排污口实行限期关闭。

当前，武汉市的用水总量、用水效率、水功能区限制纳污等指标已经相继提出，这些指标具体指标的提出，是基于"三条红线"控制的主要指标而确定的，如图4-2所示。指标提出的同时，武汉市还实施水资源管理责任和考核等制度建，对相应措施落实情况进行检查和考核，不合格并整改不到位的地区，则追究有关人员责任。总体而言，最严格水资源管理制度仍在紧锣密鼓地建设中，并且不断完善。

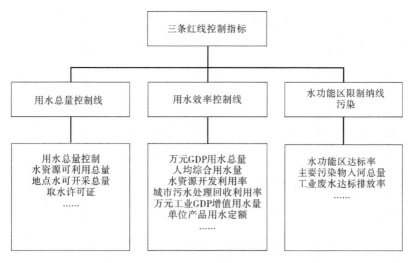

图 4-2 "三条红线"控制的主要指标

（三）武汉市中心湖泊"三线一路"控制体系

为了更进一步推进湖泊保护工作，武汉市实施中心湖泊"三线一路"控制体系，为城中心每一个湖泊规划"三线一路"，根据湖泊实际情况进行保护、利用和管理。湖泊"三线"是指按照武汉市湖泊保护条例相关要求，在划定湖泊的保护控制范围后，对湖泊划定"蓝线""绿线"和"灰线"，如图 4-3 所示，"三线"内建设各有限制，而"一路"则是为了更好地实施三线，保护湖泊内的环境，对环湖道路做出的相关规定。"三线一路"湖泊水体保护控制体系是在明确湖泊功能和分类的基础上，针对不同湖泊的功能和特点，确定湖泊水体保护控制体系、控制指标和控制要求，界定湖泊水面控制线和环湖绿化控制线。

自 2012 年武汉市计划对中心城区 40 个湖泊的"三线一路"进行划定以来，至今已对全市共 166 个湖泊都实施了"三线一路"保护规划，涉及广袤的水域面积，实施范围十分广泛，力度也十分之大。具体内容如下：

1. 湖泊蓝线：即湖泊水域保护线，是实施湖泊水体生态保护的边界线。

蓝线的控制要素主要包括最高湖水位和湖泊岸线现状，是在考虑特大暴雨时为保护湖泊而确定的界限。同时蓝线以内是湖泊保护水域，在开发建设湖泊时不得随意侵占，但是在不减少湖泊面积的前提下，还是可以有一定的调整的。已经划定的湖泊，根据其所处的城市建设区域，可以分为已建区、发展区和生态控制区①，根据不同区域的特点，又有着不同的具体控制要求和蓝线界桩划定要求：（1）已建区范围湖泊：现状岸线为驳岸的，以现状驳岸为控制依据，现状岸线为护坡的，以规划最高控制湖水位为控制依据；（2）发展区范围湖泊：在保证主湖面积基本不变的前提下，以规划最高控制湖水位为依据，划定蓝线；周边已有相关规划、土地批租的湖泊，根据已有规划和土地批租情况合理调整蓝线；（3）生态控制区范围湖泊：以规划最高控制湖水位为控制依据，尽可能地将水域纳入蓝线保护范围，同时兼顾相关规划及周边土地批租情况。

2. 湖泊绿线：即环湖绿化控制线，是城市陆地与水生态系统之间的过渡空间。在规划中，绿线分为绿虚线（近期绿化线）和绿实线（远期绿化线），绿线控制指标主要包括绿化面积比、绿化开敞岸线率②。该线是根据"城市绿地线管理规定"和"武汉市绿地系统规定"而划定的，绿地范围内可以设置工程湿地，将湿地与绿化、公园等景观相结合，达到控制湖泊水源污染、减少水土流失和改善湖泊水环境的目的。

3. 湖泊灰线，即环湖滨水建设控制线，是为减少人为活动对水体的影响而设置的建设控制区的边界线。灰线控制指标包括预控开敞空

---

① 已建区、发展区和生态控制区：已建成区是指已完成或基本完成城市建设的用地区域，处于该区域内的湖泊定位为景观公园型湖泊。发展区是指已规划或正在规划城市建设区，处于该区域内的湖泊定位为城市公园型湖泊。生态控制区指城市总体规划确定的生态保护范围，处于该区域内的湖泊定位为生态公园型湖泊。

② 绿化面积比、绿化开敞岸线率：绿化面积比指湖泊环湖绿地面积与湖泊水面面积的比值。绿化开敞岸线率指滨湖外围城市车行道路上能通过环湖公共绿地看到水面的城市道路长度与外围城市车行道路总长度的比值。

间面积比、预控开敞岸线率①。同湖泊蓝线一样，该线在已建成区、发展区和生态保护区内的要求各有不同：（1）已建区范围湖泊灰线划定由环湖步行路向外拓展一个街坊即城市中以道路或自然界线划分的居住生活区；保证隔岸视距（湖泊岸边距离、绿线宽度和灰线宽度之和）至少大于 250 米；原则上灰线一般不宜跨越城市干道。（2）发展区范围湖泊灰线距离绿线一般控制在 250~500 米；保证最小距离蓝线大于 150 米，最大宽度可适当扩展；滨水灰线按照规划街坊进行控制；灰线一般不宜跨越城市主干道。（3）生态保护区范围湖泊灰线位于城市生态保护区内，根据周边地区规划建设情况，局部地区划定湖泊灰线，加强生态保护类湖泊的控制。

4.环湖道路：是指"环湖车行路"与"环湖步行路"。"环湖车行路"不仅能够提高湖区周围交通便捷性，更是控制城市建设、界定环湖用地功能的道路。"环湖步行路"则具有休闲性，为市民提供一个优美宜人的环境，是构成湖区公园完整步行体系的环湖步道，其中部分道路也是环湖建设区与非建设区的分界线。环湖道路的划定是以城市总体规划确定的 1：2000 规划路网为基础的，环湖路线形可结合绿线进行控制，步行路控制尽可能地利用现状道路，宽度控制在 4~10 米之间。环湖步行路宽度仅作控制使用，具体实施道路宽度应依据湖泊公园详细规划及实际需求确定。

当前"三线一路"已有规划中，"蓝线"规划湖泊水域保护面积为 132 平方公里；"绿线"规划湖泊绿化面积 106 平方千米；外围控制范围"灰线"，总面积 182 平方千米；以及环湖道路 432 千米。当然，可能由于实际情况的变化，最终的情况可能将随之发生一定的改变。

---

① 预控开敞空间面积比、预控开敞岸线率：预控开敞空间面积比指灰线范围内预控开敞空间面积与湖泊水面面积的比值。预控开敞岸线率指滨湖外围城市车行道路上能通过灰线范围内预控开敞空间看到水面的城市道路长度与外围城市车行道路总长度的比值。

图 4-3　"三线一路"三线控制图

（四）武汉市中心城区生态控制体系

2012 年《武汉市基本生态控制线管理规定》正式颁布，武汉市首次实现生态框架的制度化管理。为推进基本生态控制线的精细化管理，依据《武汉市城市总体规划（2010—2020 年）》和《都市发展区"1+6"空间战略实施规划》，完成都市发展区基本生态控制线规划。规划严格落实城市总体规划确定的"两轴两环，六锲多廊"生态框架体系，如图 4-4 所示，逐一对都市发展区内山体、水体等 12 类生态要素资源详细踏勘与范围校核，采用 GIS 分析、12 类要素"分层叠加"的方式进行规划。同时，按照政府令规定将基本生态控制线范围和形成的生态保护范围进一步划分为"生态底线区"和"生态发展区"两个层次，实施不同的分区管控。规划划定都市发展区基本生态控制线所围合的生态保护范围面积为 1814 平方千米，其中，生态底线区面积为 1566 平方千米，生态发展区面积为 248 平方千米，都市发展区内生态用地总量达到都市发展区总面积的 60%，能够保证城市碳氧平衡。其中，湖泊在生态控制体系中的地位尤为重要，区域内对湖泊的保护规划也将加大力度。

"两轴两环，六楔多廊"的生态框架体系含义指：

"两轴"：即以长江、汉江及东西山系构成"十字"型山水生态轴，是展现武汉"两江交汇，三镇鼎立"独特空间格局和城市意象的主体。"两环"：即以三环线防护林带及沿线的中小型湖泊、公园为主体形成三环线生态隔离带，是主城和新城组群的生态隔离环；都市发展区以外以生态农业区为主形成"片状"大生态外环，是武汉都市发展区与城市圈若干城市群之间的生态隔离环。"六楔"：是都市发展区山系水系最为集中，生态最为敏感的地区，是防止六大新城组群连绵成片的组群间生态隔离区，也是确保"6+1"城市空间有序拓展的重要控制地带和关键点。"多廊"：即在各新城组团间、六大生态绿楔间，以若干宽度适宜的生态廊道成为各生态基质斑块的重要连通道。

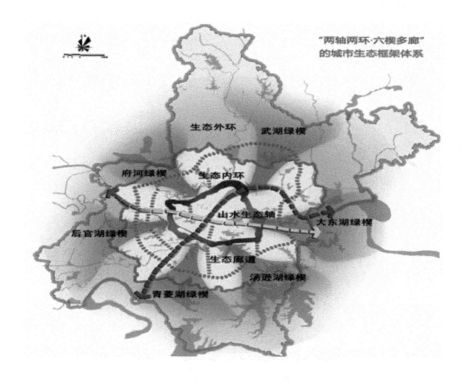

图4-4　武汉都市发展区基本生态控制图

三、"三线一路"控制体系和湖泊保护规划的具体实践

武汉市近几年大量投入人力物力，加大对湖泊的治理和修复，希望湖泊能早日回到过去的优美环境。为了遏制当前湖泊恶化趋势，保护和改善湖泊生态环境，2013年武汉市为中心城区的除东湖外的39个湖泊划定了"三线一路"保护方案。其中，位于三环线附近的南太子湖因为有地铁6号线穿湖而过，为确保地铁6号线等重点工程的顺利推进，武汉市结合地铁6号线相关路段的新选址点，对南太子湖的"三线一路"保护方案进行了调整，确立了其"三线"控制指标，如图4-5所示。调整后南太子湖的"绿线"控制面积增加了0.3公顷，"灰线"减少了0.3公顷，"蓝线"则保持不变。

图4-5　南太子湖"三线"控制指标图

南太子湖"三线一路"规划的展开，防止了南太子湖被"蚕食"的命运，同时禁止了一些不和谐的建设开展，一定程度上保护了南太子湖的生态环境，同时也为南太子湖开展湖泊生态修复和污染治理工作提供一定的基础。

后官湖位于武汉市蔡甸区，按照武汉市政府推出的"大力推荐生态文

明建设，加快打造美丽江城"要求，依据《市人民政府批转市国土规划局关于加强基本生态控制线管理实施意见的通知》的工作部署，市国土规划局联合蔡甸区政府，通过公开征集，成立了由联合工作组，开展《武汉市后官湖绿楔保护和发展规划》，目前已完成《武汉市后官湖绿楔保护和发展规划》的编制工作，确定的蔡甸区新农以南、汉阳以西的基本生态控制线区域（不含城市空间增长边界集中建设区），共 123.3 平方千米。规划区目标是将后官湖打造成武汉生态保护先行区、武汉知音文化展示窗口、国家级生态新城支撑区域、武汉新型城乡形态示范区。把生态保护、旅游休闲、生态农业、现代服务作为其区域内容的，体现现在人们对环境的要求。根据规划将后官湖的空间结构会展现出依托后官湖优良的生态本底资源，融合知音文化、农耕文化精髓，规划形成"两轴三片十一区"的空间结构，构筑"绿网密布、城林相融、水文相映"的空间格局。如图 4-6 所示。"两轴"为后官湖滨水景观轴和外环线城市交通轴。"三片"为东部活力文化片、西部休闲郊野片、南部生态种植片。"十一区"为"宫""商""角""徵""羽"五个音乐文化主题区、"耕""樵""渔""读"四个农耕乐活文化主题区、一个生态种植主题区和中法生态新城。

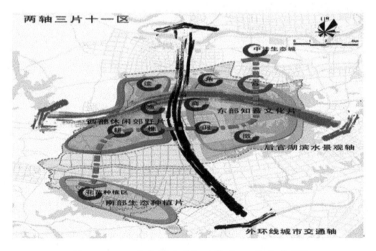

图 4-6　后官湖两轴三片十一区规划图

目前，后官湖已经按照规划的内容开始紧锣密鼓地建设，部分如环湖道路及绿化建设已经取得一定的成果，得到广大市民的好评，后面将进一步跟进该湖泊的保护及开发建设工作。

第二节　湖泊生态红线管理体系现状

一、湖泊生态红线总体管理体系现状

武现市水资源丰富，滨江滨湖特色明显。现在全市水域总面积2117.6平方千米，年均水资源量46.24亿立方米；全市大小湖泊166个，其中中心城区湖泊40个，湖泊水域面积779平方千米；其中东湖水域面积33平方千米，是国内最大的城中湖。

在管理上，武汉市早先的湖泊管理处于一种混乱的状态，许多权属内容纠结不清，管理松散，各部门出现相互推诿现象，一旦出现问题，想问责也无从下手。近些年来，为了保护湖泊环境，恢复湖泊的生态，武汉市进行湖泊立法，建立监督部门，实行行政首长负责制，明确各部门的责任，加大对湖泊的管理，如图4-7所示。

武汉市市委、市政府始终将发挥水资源优势、彰显滨水特色作为城市发展的重要定位和战略，提出了"锁定岸线、全面截污、还湖于民、一湖一景、江湖连通"的湖泊保护总体要求，全市相关部门积极配合，在加强水资源科学管理和湖泊保护上取得了积极成效，为全面加快水务改革发展奠定了良好开局。

（一）立法管理—系列治水护水法规

湖泊之于武汉，不仅是调节径流和区域气候、维持和保护生物多样性的重要生态系统，更是武汉市的文化底蕴和灵魂。对于享有"百湖之市"

美誉的武汉市，湖泊是代表其城市特性的一张名片，因而对湖泊的保护和管理是十分必要和迫切的。早在 1999 年，经历 1998 年特大洪水的武汉市立即颁布了《武汉市自然山体湖泊保护办法》（以下简称《办法》）。因为在 1998 年特大洪水中，武汉深受其害，市内普遍渍水严重，此后，大家进一步认识到保护湖泊的必要性，因而出台了该《办法》，希望加大对湖泊的保护措施，以保护和增强湖泊的蓄水等生态功能。该《办法》取得了一定成效，一定程度上遏制了填湖等行为，但成效有限。为了进一步加强对湖泊的保护，武汉市逐步加大了湖泊治理和保护力度，2003 年以来，相继出台了《武汉市防洪管理规定》《武汉市湖泊保护条例》《武汉东湖风景名胜区管理条例》等一系列地方性法规，以及《武汉市湖泊保护条例细则》《武汉市建设项目配套设施建设节水设施管理规定》等政府规章，还有《武汉市城区中心湖泊保护规划》《武汉市中心城区湖泊"三线一路保护规划"》等几十余种涉水涉湖规划[①]。《武汉市湖泊保护条例》是国内第一个城市为保护湖泊制定的地方法规。依据《武汉市湖泊保护条例》，武汉所有湖泊全部列入保护名录，严禁围湖建设、填湖开发等行为。而从 2007 年水务局开始着手编制的《中心城区湖泊"三线一路"保护规划》，2009 年完成初稿，经过多次讨论修订后，最终于 2012 年成稿并报市政府。2012 年 5 月 28 日，武汉市政府常务会通过《武汉市中心城区湖泊"三线一路"保护规划》，为中心城区 40 个湖泊划定"保护圈"。这个保护规划一出台，直接针对每个湖泊，对每个湖泊都实施保护性规划，直接杜绝了填湖造陆过度开发的奢想，沿湖项目也将严格按照湖泊划定的"三线一路"指标建设，极大程度上保护了湖泊。

　　在水务执法方面，为了改变过去涉及部门过多，部门分工和责任主体

---

　　① 姜铁兵：《武汉湖泊环境保护与生态修复的探索与实践》，《武汉市人民政府."两区"同建与科学发展——武汉市第四届学术年会论文集》，武汉市人民政府，2010 年 6 月。

不明确的现象，加大现有法律的执行力度，武汉市于2013年专门组建了所属于武汉市水务局的湖泊管理局，作为专门负责湖泊的保护和管理，执行现有法律的机构。总体而言，武汉市出台了大量与保护湖泊相关的地方性法律法规，初步建立了湖泊保护的法律体系。

与时俱进是每个时代的人都应该遵守的定理，武汉市也是在经济发展与社会发展的协调中，不断加强对湖泊的管理，加强对法律法规的完善。《武汉市湖泊保护条例》自2001年市人大常委会通过以来，经过了多次修订。其中2015年初新修订的《武汉市湖泊保护条例》因修订力度较大，被誉为"最严湖泊保护条例"。武汉市针对湖泊保护的法律法规已有二十多部，形成了包括以《武汉市湖泊整治管理办法》《武汉市湖泊保护条例》《武汉市湖泊保护条例实施细则》及《武汉市水资源保护条例》等法规在内的法律体系。

（二）行政管理—政府行政首长负责制

"湖长制"即湖泊保护行政首长负责制，设立"总湖长""湖长"等职位，其中"总湖长"由各湖泊所在区域内的区长担任，每一具体湖泊的"湖长"则任命一位区级领导干部担任。除此之外，省政府还制定相关考核办法，对地方各级政府实行年度考核，考核内容包括湖泊的水质、污染防治等相关指标，并把考核结果与主要领导干部的任职、奖惩挂钩。

早在2012年，湖北省与下辖各地市州签订湖泊保护责任书，全面启动"千湖之省，碧水长流"工程。责任书制度被称是湖北实施最严格水资源管理试点的又一强力行动。责任书包括确定湖泊保护名录、编制湖泊保护规划、界定湖泊保护范围、加强湖泊水污染治理、推进湖泊生态修复、实施湖泊保护生态移民、强化湖泊监管等任务。具体而言，还包括全面理顺湖泊保护管理体制、搭建湖泊保护组织机构；深入开展"一湖一勘""一湖一策"工作，构建湖泊管理和保护体系；加强湖泊堤防、排水闸渠、排涝泵站等防洪排涝工程体系建设，实施退田还湖、退渔还湖、退塘还湖等工程；严格湖泊取水许可审批，加强沿湖建设项目水资源论证等举措。同时，公布的《关于加强湖泊保护与管理的实施意见》表示，未来3到5年内，湖北要基本遏制住湖泊面积萎缩、数量减少的局面；主要湖泊污染排放总量、富营养化趋势得到有效控制，水功能区达标率70%以上。湖北省政府要求"建立健全最严格的护湖管水责任体系，坚持保护为先、坚决护湖，确保现有湖泊水体不受污染、数量不减少、面积不萎缩，同时大力推进湖泊生态修复和毁损湖泊恢复工作"[①]。

2012年，为进一步促进湖泊保护，提高湖泊管理执法水平，加大湖泊整治力度，根据《武汉市湖泊保护条例》和《武汉市湖泊保护条例实施细则》等法律法规，武汉市水务局制订了《武汉市水务局湖泊保护综合管理考核办法（试行）》（下简称《办法》），要求各区水务局，武汉经济技术开发区建管局、东湖新技术开发区水务局、武汉化工新区规建局、东湖风景区水域局、市水政监察支队等部门认真观测执行湖泊保护的相关规定。该《办法》规定，对湖泊管理的考核每季度一次，全年共4次。湖泊保护综合管理考核重点包括4个方面的内容：一是组织领导与机构是否健全。包括领导重视、科学组织、学习培训、法规宣传、机构人员、制度健全、"湖长制"的深化落实等。二是湖泊综合整治是否及时。包括湖泊治理规划编制、湖泊保护治理资金投入、湖泊整治效果、水面水岸线维护、排污口关停等。三是湖泊保护日常维护管理及湖泊保护巡查等是否到位。四是湖泊保护执法是否严格。包括湖泊保护值班、湖泊保护热线受理、湖泊保护接出警规范、湖泊许可监管、湖泊保护信息报告及填占、侵害湖泊的行为的发现率、处理率、整改率等。考核优秀的单位给予一定的奖励，对于考核结果不理想的单位则责令整改，市水务局每季度将各区湖泊保护综合管理考核情况向被考核单位及所在区（管委会）进行通报，并通过媒体向社会公告。

---

① 武汉市水务局：《武汉市湖泊整治管理办法》，2010年第4期。

（三）规划管理—湖泊生态红线总体规划

凡事预则立，不预则废，对于城市的发展，未来的规划必不可少。而在湖泊保护中，对于湖泊开发管理也需要一定的管理规划。而湖泊的保护规划涉及城市发展的方方面面，不光包括湖泊本身控制范围的确立、水功能区划分和水质保护目标的设置等内容，也应该加入湖泊周边项目的建设，不仅从湖泊本身进行开发保护也要从源头上进行保护。同时，为了保证规划的科学性以及大众的接受程度，涉及湖泊的管理和政策都应进行公示，并且通过座谈会等形式，加强沟通交流，听取社会公众和专家的意见建议。

对于湖泊控制区域的划定，应该分为水域、绿化用地、外围控制区域，从而制定不同的标准和措施。其中湖泊水域应由水务局等水行政主管部门负责进行勘界，湖泊绿化用地线和外围控制范围线则应由水行政主管部门会同园林、城乡规划等相关部门划定，然后明确各保护主体的职责和范围。

而湖泊的污染治理，可谓是湖泊管理中的重中之重，是进行规划时需要着重考虑的内容。对于现有的水质不达标的湖泊，主管部门应迅速查明原因，采取有效的治理措施，对违法行为进行严厉查处。此外，主管部门还要加强对相关排污单位的监督管理，对于新增水污染物排放的建设项目，应暂停审批并不予发放排污许可证，督促有关单位加强污染处理，落实污染物总量控制目标。

对湖泊必然的开发是为了更好地保护湖泊，同时也是为了服务湖泊周边的人口。从某种角度讲，湖泊一定程度的开发是必然的，因而更应该做好湖泊区域内的项目建设规划工作，做好保护措施，对湖泊的养殖、废水排放、排污口建设等具体方面，都要采取相应措施，实施规划管理。

二、湖泊生态红线部门管理体系现状

在湖泊管理方面，特别强调强化主体责任，严格绩效考核。在国家层面，国务院有关部门负责对湖泊生态环境保护工作进行指导和监督，制定相关工作指导意见、标准和项目实施技术指南，加强湖泊生态环境保护工作监督检查、绩效评价和水质目标考核工作，对纳入中央资金支持范围内的湖泊，按照中央资金管理要求开展绩效评价，实施动态管理。环境保护部参照《重点流域水污染防治专项规划实施情况考核暂行办法》对规划内湖泊水质保护目标进行考核。

武汉市在相应文件的指导下编制相关的规定，特别是《武汉市基本生态控制线管理规定》以及《武汉市湖泊保护条例》，对城市涉及湖泊管理的各部门的职责，做出了明确的规定，市人民政府对本市湖泊保护工作负总责，区人民政府是辖区内湖泊保护的责任主体，负责辖区湖泊保护、生态修复和整治等工作。规划、土地、发展改革、城管综合执法、环保、林业、园林、水务、农业等有关行政主管部门根据各自职责，按照相关规定，做好湖泊生态的相关管理和监督工作。各部门具体职责如下：

市人民政府对本市湖泊保护工作负总责。区政府是自己所辖区域内的责任主体，负责统筹整个辖区的保护工作，各乡镇政府则应加强湖泊的日常管理和保护，定期组织巡查，以便及时了解湖泊状况和突发事件，对违法行为进行制止和处置。

武汉市水务局负责全市湖泊的监督管理和保护工作，贯彻落实《武汉市湖泊保护条例》，成立水务执法总队，对湖泊的相关的工作进行管理和监督。

武汉市国土资源和规划局负责对湖泊控制线内的建设项目进行规划管理，依法查处违法建设行为。

环境保护局负责对湖泊水环境进行监测，并对相关结果和信息进行公示，对湖泊水污染进行监督管理和综合治理。

城管执法部门负责湖泊区域的环境卫生管理，对违法建设项目和行为进行管制。

绿化部门负责湖泊绿化用地的规划和管理。

除上述机构和部门外，发展改革、城乡建设、农业、林业等有关部门也应各司其职，做好湖泊保护和管理工作①。

对于湖泊保护规划的编制，由各区政府负责，围绕湖泊保护的总体目标，组织有关部门和专家进行编制，经市有关部门审查并广泛征求意见后，报市政府批准。而对于跨区的湖泊，其保护规划则直接由市水行政主管部门组织编制，经市政府批准后，向社会予以公布。

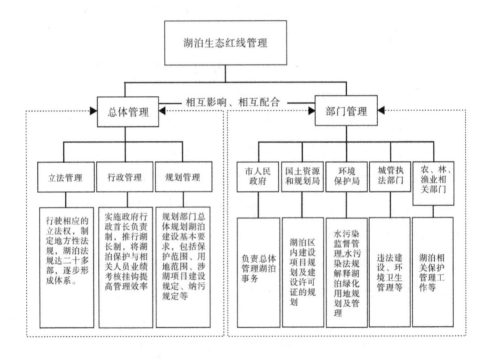

图 4-7 湖泊生态红线管理体系现状

---

① 武汉市水务局：《武汉市湖泊保护条例实施细则》，武汉市水务局官网，2005 年。

第三节　武汉市湖泊生态红线区域管理的 成功经验及问题总结

一、武汉市湖泊生态红线区域管理的成功经验

生态文明是建设美丽中国的前提，党的十八届三中全会明确提出，建设生态文明必须划定生态红线，建立完善系统的生态文明制度体系。为了响应相关部门及国家的号召，武汉市积极开展各种湖泊的保护工作，加强对湖泊的管理和保护力度。早在 2007 年 12 月，武汉城市圈获批为全国"两型社会"建设综合配套设施改革实验区时，武汉市便逐渐加大对湖泊管理投入的重视。2009 年 11 月在武汉召开的世界第十一届湖泊大会，更是掀起了武汉湖泊保护和治理的热潮，促进湖泊休养生息，大力推进"水乡林城，生态武汉"建设。2010 年实施百湖湿地工程，严格限制环湖开发，中心城区湖泊禁止水产养殖。在中心城区打造 40 个湖泊湿地公园，营造"一景一湖"的湖泊景观带。同时加大湿地、湖泊立法，重新修订湖泊保护与管理相关法规，强化依法保护[①]。2012 年，武汉市成立武汉湖泊管理局，即武汉市水务执法总队，专门管理湖泊违法填占、违法排污、破坏湖面环境、违法养殖等涉湖违法行为，在全市形成涉湖工作统一管理、涉水执法重拳出击的工作格局，解决武汉市排水执法等水务执法力量不足的实际困难。当前，又提出实施最严格水资源管理制度，实施最严格水资源管理制度考核工作方案，建立水资源承载能力监测预警机制和水资源论证公众参与机制，加大对湖泊的管理力度。经过以上分析，武汉市湖泊生态红线区域管理的成功经验大致可总结为以下几点：

---

① 程焰山：《武汉城市圈跨区域湖泊管理创新研究——以四市共管的梁子湖为例》，《长江论坛》2010 年第 4 期。

1. 较为完善的水法规体系，可操作性强。武汉市近几年完善湖泊管理的相关法规，对水资源管理、湖泊管理等法规进行重新编制规划，形成以《武汉市湖泊保护条例》《武汉市水资源保护条例》等法规为核心的水法规体系，水务部门有法可依，提供法律基础。

2. 政府集中控制管理，湖泊管理效率高。武汉市湖泊管理是以政府为主导的单核组织模式，由政府统一调配湖泊资源，管理湖泊的相关事务。如湖泊管理的资金的统一划拨、人员的统一调配，效率高。

3. 成立专门机构，实行多部门合作、综合协调。武汉市专门成立湖泊管理局，管理湖泊中相关问题。武汉市政府对湖泊管理工作负总责，武汉市水务局、武汉市国土资源和规划局、城管综合执法、环保、园林、农业、林业等有关行政主管部门根据各自职责，相互配合，做好湖泊管理工作。

4. 形成"统一领导、分级管理、以区为主、街为基础"的湖泊管理格局。武汉市在横向上实施多部门合作，在纵向上则参照"两级政府，三极管理"要求，实施分级管理，从市政府到街道，形成一个自上而下的管理链条。市政府对全市湖泊管理负总责，各区政府加强本辖区内湖泊管理工作的组织领导，街道办事处负责各辖区范围内的湖泊保护管理工作，并且及时向上级部门汇报相关工作。

5. 重视公众参与在湖泊保护中的作用。近年来，武汉市湖泊管理部门加大对湖泊管理的宣传工作，编制《湖泊志》，让群众对湖泊过往有深刻的了解，从而使他们加强环境保护意识。保障群众的知情权，及时向社会公布湖泊管理的相关工作，建立水资源论证公众参与机制，重视公众参与湖泊管理的工作。对于参与湖泊保护的个人及组织给予一定的奖励，鼓励他们参与湖泊管理。

二、武汉市湖泊生态红线区域管理的问题总结

在管理和治理湖泊的问题上，武汉市已经采取了许多措施，湖泊管理混乱、

权责不明晰的情况有一定的改善，但是，武汉市湖泊管理并没有使得湖泊问题彻底解决，其原因是武汉市湖泊管理存在许多问题，主要表现在：

1. 管理模式上，单核心的政府管理模式，公众和民间组织参与度低。武汉市湖泊管理由政府相关部门组成湖泊管理组织，留给公众发挥的舞台小。虽然武汉市多次开展"我爱百湖"的公益活动，有很多市民积极主动地参与到湖泊管理中来，同时不少市民积极行使监督权，举报违法行为，参与湖泊管理，但是由于开展时间较短，并没有调动全城民众参与进来。所以，要进一步扩大教育与宣传工作，提高公众的湖泊保护意识。同时，也要切实保障群众对环境信息的知情权，树立他们的主人公意识，提高他们参与的积极性。最后也可以发展非政府组织，如社会公益组织、湖泊保护协会等，发动公众参与湖泊管理工作，传达公众的一些意见和要求给政府的湖泊管理部门。

2. 规划体制上，综合性规划体系混乱，专业性规划协调机制不完善。虽然武汉市已经相继出台多部管理湖泊的法律法规，但是综合性规划仍存在混乱的地方，如规划管理中有许多重复的地方，且许多新的情况没有及时纳入规划中。同时，相关法规对水利、国土与资源、林业、渔业、环保等部门的责任也做出了明确规定，但是这些部门本身对于湖泊管理没有具体的规划，存在不同程度的不协调性，甚至有时会出现各干各的、互不通气的现象，这给湖泊管理造成一定的麻烦。因此，要强化综合性规划体系，规划类型上，保证湖泊开发利用规划与湖泊保护管理规划并重，规划管理上，更加重视规划实施与评估工作。同时，在已有法律的基础上，政府相关部门应该严格按照相关的法律的规定规划规划自身职能，部门间应该加强合作，依法管湖。

3. 水行政管理体制上，渔业、林业、水利管理体制基本形成，但环保等功能有待强化。早期湖泊管理注重开发与利用，所以开发利用湖泊较多的渔业、林业等部门在湖泊管理机构设置上较为完整。但是现在强调恢复湖泊的生态功能，重视湖泊的绿化等问题，所以需要环保部门加大力度。

但是当前，武汉市环保部门在这一方面机构设置仍存在滞后现象，所以环保部门应该设立属于该部门的湖泊管理单位及执法队伍，保证环保部门的权威性。

4. 水资源市场管理机制上，相关制度尚不健全，有待加强。虽然武汉市当前计划在湖泊管理中引入市场机制，推行水资源资产管理制度，建立水资源有偿使用制度，设置水权交易点，建立水生态补偿机制，制定水生态补偿管理法，完善水利工程水土资源及设施占用补偿管理办法，并且在一些地方试点。但是总体来看，还未形成完整的市场管理机制，相关管理规定滞后。市场化的管理模式已经在许多国家试验成功，且对于湖泊管理资金来源的拓宽极为有利，满足当前的需求，所以应该加强水资源市场管理制度的构建。

5. 在监督管理机制上，缺乏严格的监督管理问责机制。法律法规很早就被一一颁布，但是很多法律法规形同虚设，根本就没有起到它应有的价值。这里，就需要一个专门的监督部门对相应的职能部门进行监督。虽然武汉市成立了湖泊管理局，负责监督管理相应的湖泊违法行为，同时对相关部门的责任工作进行定期的考核与监督。但是这是远远不够的，应该建立多种监督形式，包括社会媒体监督、居民监督等，形成一个监督体系，做到全方面的监督，防止弄虚作假。同时，对部门的考核也不能仅仅局限于几个部门，应该扩大考核范围，相互监督。

6. 在违法管理上，违法成本较低，纵容了违法行为。各级水行政主管部门对于部分违法行为依法只能实施行政处罚，行政处罚的罚款数额相对违法成本来讲微不足道。不成比例的违法成本和违法暴利让不少不法之徒铤而走险。所以要加强违法管理，提高违法成本，将违法行为扼杀在摇篮里。

第五章 武汉市湖泊生态红线环境 管理体系框架

第一节 武汉市湖泊生态红线环境管理体系设计思路

一、指导原则

以武汉市现有的湖泊三线为基础，针对不同区域内环境政策体系要求及发展方向，梳理调整现有的环境政策组件，从严格保护湖泊生境环境、促进湖泊水资源的合理利用的角度，秉承以下基本原则，研究构建完善湖泊生态红线环境管理体系。

（1）以人为本，环境优先

坚持科学发展观，转变水资源开发方式，坚持以水环境容量为基础，确保水环境质量安全，切实改善居民生产生活质量。切实推行全流域环境管理模式，从源头上削减污染物的产生，强化监管，从管理上杜绝非法排污；统筹区域、部门，健全统一、协调、高效的流域管理体制。

（2）分类指导，区别对待

强调不同类别的红线区的针对性及差异性，针对不同区域的环境承载力，结合区域社会、经济的发展特征和要求，提出不同的污染物控制要求及环境管理政策，实施分区管理环境机制。

（3）统筹兼顾，协调发展

正确处理经济发展、社会进步和环境保护的关系，实现资源开发及环境保护的可持续发展。协调局部与全局的关系、生态环境功能及服务功能的关系、生态红线管理与生态功能区规划的关系。

（4）突出重点，防治同步

生态红线环境政策的制定是一个逐步完善与丰富的过程，在兼顾完整性和全面性的同时，应突出重点，抓住关键，稳步推进，根据社会、经济和环境状况的要求，不断调整与完善。

二、设 计 思 路

区域政策的制定与执行需要针对区域的发展方向，分析其政策执行的需求和压力。湖泊生态红线区是由湖泊蓝线、绿线及灰线不同区域所组成，面对于不同的环境要求，具有不同的发展方向，当配套以侧重点不同的生态红线政策支撑。

（1）湖泊生态红线区域的发展方向

①湖泊蓝线以内区域

湖泊蓝线，即为湖泊水体生态保护边界线，蓝线以内区域为湖泊保护水域。该区域的发展方向即是以保护湖泊生境为重点，确保湖泊水域生境不受到侵占，保障湖泊面积不受到周边人为活动的蚕食。

②湖泊绿线以内区域

湖泊绿线，即为环湖绿化控制线，绿线以内区域是水生态系统与城市陆地生态系统之间的过渡空间。该区域的发展方向即是以控制湖泊水源污染、减少水土流失、改善湖泊水环境为重点：以湖泊本底环境承载力为根本，减少人为活动影响，减少区域内入湖污染源的排放；保护湖滨带生态系统，建立湖区水域生态屏障。

③湖泊灰线以内区域

湖泊灰线，即环湖滨水建设控制线，灰线以内区域为湖泊的适度开发区，该区域的发展方向即是水体环境景观的共享性与异质性为重点：以保障湖泊环境不受污染为前提，适度开发景区资源，合理布局建立设施齐全、接待适度的游客亲水平台等相关项目，以丰富、良好的水资源推进城市经济及水文化的发展。

（2）湖泊生态红线环境政策设计思路

湖泊生态红线区域环境政策需根据各区域功能及发展方向设计相应的政策定位，结合现有的环境问题设计相应的政策手段及保障手段，以强化保护措施的长效执行。

湖泊蓝线以内区域所面临的主要问题是城镇化发展对湖泊岸线的侵占问题，政策设计思路是以湖泊保护条例、"三线一路"保护规划为依据，制定严格的执法办法，加强环境执法；通过信息公开体系加强环境监督，通过责任追究制，杜绝湖泊水域范围的侵占问题。

湖泊绿线以内区域所面临的主要问题是因湖滨带的挤占与固化带来的污染物拦截功能及水土保持功能的丧失问题。政策的设计思路是通过污染防治政策全面恢复湖滨生态净化能力及水土保持能力；通过生态补偿等经济措施引导周边现存的居民及其生活活动场所的搬迁或拆除，以还湖一个完整的滨湖生态环境。

湖泊灰线以内区域所面临的主要问题是因湖边资源的过度开发及沿岸污染源对湖泊生态水质的污染影响问题。政策的设计思路是通过从严准入政策减少湖泊周边污染源的存在隐患；通过污染防治政策，治理湖泊周边现存污染；通过政绩考核制、环境信息公开政策，促进提高区域环境政策的执行效率。

因此，政策的设计即是充分发挥政府在环境管理中的主导，严格区域生态环境影响评价，识别湖泊区域生态环境问题，通过生态补偿、政府绩效考核，探索寻找有利于湖泊水资源保护及可持续开发、提升居民生活环境质量。

第二节 武汉市湖泊生态红线环境管理政策体系基本构成

区域环境政策体系主要包括：（1）政策目标层，主要包括政策体系总体目标及实体目标；（2）政策手段，指政府为控制或消除湖线保护区范围内负面环境影响所采取的具体措施；此外为保障环境政策落到实处而建立的政策保障机制，用以确保环境政策的有效实施，进而促进环境目标的实现。

为保证湖泊生态红线环境管理政策内容的完整性及实施的有效性，以"三线一路"规划为基础，针对三线区域重点问题，以环境优先、区域差异及系统完整等原则，构建由政策目标、政策手段及政策保障三个层次构成的湖泊生态红线环境政策体系基本结构。

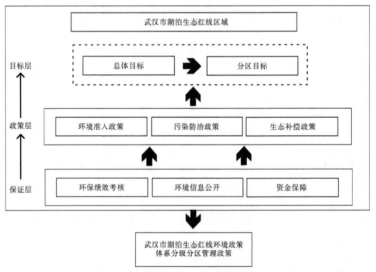

图 5-1 湖泊生态红线环境政策体系基本结构

一、环境政策目标层

（1）总体目标

环境政策目标是城市管理及居民游客的共同期望，也是他们相互理解与合作的基础。湖泊生态红线环境政策的总体目标是促进湖泊保护区的生态平稳、水质改善、居民生活环境质量的改善。

（2）实体目标

湖泊蓝线以内区域：禁止保护区以内所有湖泊侵占行动的发生，拆除违规建筑物退房还湖，清除区域内所有农田、鱼塘以及无关设施，力保湖泊水域不被非法侵占。

湖泊绿线以内区域：限制湖滨开发行为，禁止破坏现有湖滨生态环境的行为发生，拆除违规建筑物、退房还湿，清除区域内所有农田、鱼塘以及无关设施，力保湖泊湖滨生态不被违规破坏。

湖泊灰线以内区域：严控区域准入体系，优化区域产业结构，严控污染物排放总量，优先保障环境质量的改善，构建水与城市共融共进的景观亲水活动观赏平台，以净养水，以水亲民。

二、环境政策手段层

遵循防治结合、公平效率的原则，选取环境准入、污染防治及生态补偿四类政策方案，构建武汉市湖泊生态红线环境政策框架政策手段层。环境准入，即在区域环境定位的基础上，优化区域产业结构和产业布局，以政府为主导通过从严审批实现对区域内行业企业进入进行限制，属源头预防手段。污染防治，即针对区域内现有的或新生的污染问题，通过总量控制的方式，以关停、升级、搬迁、拆除等措施实现全面截污，这其中包含区域范围内所有排污口形式的点源防治，以及生活、农业形成面源污染的防治，是对污染过程的控制和末端治理的手段。生态补偿，即主要针对保护区以内城市区域化发展过程中的既有现状的改善的经济促进手段。通过区域功能的调整以确保保护区以内生态价值的重现，通过合理补偿以实现对区域因保护生态屏障而遭受发展的损失，同时也通过环境经济手段以实现公共服务均等化的保障，体现环境政策的公平原则。三类手段各有侧重，相互补充。针对湖泊三线区域的不同特点及环境定位，采取不同的环境政策手段，在开发型区域需通过环境经济生态补偿手段规划合理的产业布局及人口分布，在保护区域需通过污染防治手段确保湖泊生态环境的安全，建立完整的环境政策网络，促进湖泊生态红线区的协调发展。

（1）环境准入政策

环境准入政策由空间、总量和行业准入构成，是从源头上预防环境问题和生态破坏的一项重要环境管理制度，是指环保部门根据区域环境容量和条件，综合考虑建设项目可能产生的影响和区域功能定位，对开发建设活动进行控制、限制的一系列准则和规定，是政府根据环境准入条件对市场主体进入特定区域的特定行业从事生产和服务活动施加限制或禁止的相关制度。

对于湖泊生态红线而言，即是对于适度开发的灰线以外区域，需通过区域行业规划环评为龙头，积极实施总量环境准入制度，从严区域准入门槛，实施行业环境准入制度，即空间准入；对于湖泊汇水区域，尤以湖泊灰线区以内为重点，则需严格实行流域总量控制政策，从严污染物排放标准，以周边产业结构的调整、农业养殖种植方式的转变，实施限制性旅游区域开发，以保证在满足区域经济发展需求的同时保障生态不因开发而遭到破坏。

（2）污染防治政策

污染控制政策，按照污染类型，可分为工业污染防治政策、生活污染防治政策、农业污染防治政策。对于湖泊保护区，加强重点行业的污染防治,建立健全排污许可证制度等措施;现有污染源应尽快搬出,无能力搬出者则关停;生活污染防治,主要采取加强城镇生活污水处理、完善配套管网等基础设施建设,推进城镇生活垃圾分类回收,并进行无害化处理等措施。农业污染防治,特别是灰线范围以内区域的农业生产,应推行节约化、规模化,主要采取制定并执行化肥、农药合理使用的标准体系和技术规范;推行畜禽养殖业清洁生产、建立秸秆综合利用制度等措施。

(3)生态补偿政策

主体功能区生态补偿是一种以生态保护区域为主体,以保护区的环境定位为方向,以生态保护为目标,以公共服务均等化为标尺的生态补偿方式。在区域发展中,适度开发型为保护型提供发展资金和技术支持,保护型为开发型提供生产要素支持和生态屏障保护。因此应增强对保护区(灰线以内区域)的生态补偿。对于这类区域来说,其补偿的对象主要包括生活在该区域的居民、当地政府以及区域内需要开展的各类生态工程建设等。

补偿方式可分为省级地方政府垂直补偿和地方同级政府横向补偿。垂直补偿是通过开发区及适度开发区政府的财政上缴、中央财政和省财政专项资金下拨,完成补偿资金的筹措。在省级政府的统筹下,通过财政转移支付、地方产业项目扶持和基础设施援建等方式将补偿资金补偿给保护区。水平补偿适用于跨界重点流域下游对上游、城市饮用水源地和辖区由小流域上下游间的生态补偿。通过建立区际生态基金,保障湖泊保护区内生态破坏得到适度补偿,促进开发区的发展所需要素得到合理调配。

补偿资金的筹措需要完善现有财税政策,建立区际生态基金和探索市场化和区域统筹等方式,积极引导社会各方参与主体功能区划的环境保护和生态建设。确定生态补偿的标准主要有核算法和协商法。核算法是以主体功能区划带来的各种损益货币化为基础来确定生态补偿的标准;协商法则是利益相关者就一定的生态补偿范围标准协商同意而确定的生态补偿标准方法。

三、环境政策保障层

环境政策保障机制的完善，对于环境政策手段的有效实施有着重要的促进作用。一项政策的有效实施，通常要从法律法规、分区管理体制、资金来源等方面提供保障措施。针对武汉市的湖泊保护管理现状，主要法律法规已基本建立，给湖泊生态红线区域的保护创造了良好的政策保障。因此本研究的体系框架中主要以湖泊保护区分区管理体制、环境信息公开制以及环保资金保障三个方面构建武汉市湖泊生态红线环境政策保障层。

（1）湖泊保护区分区管理体制

湖泊生态红线保护区涉及的蓝线、绿线和灰线以内区域及灰线以外区域，各区的发展方向不同、所承载的功能也各异，因此在环境管理政策的实施过程中也需实施重点突出的环境分区管理体制及管理目标，并同时将分区管理目标作为环保目标的硬性指标，成为政府绩效考核中的一部分，是保障湖泊生态红线环境管理体系有效运行的重中之重。分级分区责任制关键是明晰责任范围，明确部门分工，以促进管理部门各司其职；以流域环境保护为主体目标，强化部门协作，以推进流域生态系统综合管理；分级规划保护目标，引导相关部门主动思考与解决湖泊保护有关问题，为保护湖泊生态建立多道防线。

（2）环境信息公开

信息公开作为公众参与的一个前提条件，对主体功能区规划的落实起到保障性作用。只有让公众真正了解其所处区域的发展方向及其在整个地区中所承载的功能，从思想上转变，改变以经济增长作为地区发展的唯一指标，才能使公众选择符合自身提高生活质量要求、符合当地发展方向的生活、生产方式，最终实现人与自然的和谐统一。环境信息公开，作为政府信息公开的一部分，同样也是保障公众参与环境保护的前提条件。特别是保护区（灰线保护区以内区域），更应该保障当地公众充分理解该类区域在提供生态屏障的重要性，引导公众选择以就地保护为业或进行生态移民。

建立湖泊生态红线区环境政策信息公开保障机制，应构建政府、市场、企业和公众的三维模式。政府主要负责通过汇总各方面的信息制定有关的管理政策；市场主要通过生产、消费、投资三个角度对各类环境政策实施效果进行影响评估，为政府的决策提供参考；公众和社会团体参与环境管理，监督环境政策起草、发布和执行全过程；企业是各类环境政策执行的最大受体，是政府的管理对象、市场的调节对象、公众（舆论）的监督对象。通过环境决策听证会、新闻发言人、专家宣讲会、企业环境行为信息公开、社区污染控制报告会等方式，构建完整的信息公开制度。

（3）环保资金保障

由于环境保护需要众多部门的通力合作，客观上要求有充足的资金保障。除了基本工作维续，具体政策中涉及的补偿问题也需要建立长效的资金投入机制。特别是生态保护区以内区域，能够建立长期稳定的环保资金投入机制，将成为其功能能否真正实现的关键环节。环境政策资金保障机制，主要解决资金来源、资金分配、资金有效利用及资金使用效果评估等问题。其中，针对保护区以内区域（灰线以内区域）的生态补偿资金，以及该区域以内的公共环境设施建设资金，都需要保障资金来源的稳定性，资金来源是资金保障制度的重中之重。目前我国各地区的环保资金来源相对单一，主要靠政府投入。应从完善国家的财政转移支付政策、鼓励社会资本投入环保事业、建立环保基金等方面，不断拓宽环保资金的稳定来源。

第六章 湖泊生态红线区域环境准入机制

第一节 环境准入机制建立的主要理论依据及国内外经验

一、环境准入的概念

一般认为，环境准入是指一种约束机制，就是以满足国家和地方法律法规、相关政策和规划等要求为前提，以区域环境容量和资源承载力为约束条件，对区域产业发展和开发建设活动提出的一系列控制性准则和规定，通过鼓励、限制或禁止发展项目类别的划定，指导、调整区域产业布局及升级改造，防止项目盲目建设和无序发展，使环境资源得到优化配置，并使项目审批时有法可依，有据可查[①]。

环境准入机制的建立，包括两种典型的情况：一是许可制度，即在考虑人类的生产消费行为对环境产生影响的前提下，对生产建设项目的准入许可[②]；一是宏观控制手段，以污染物排放达标和环境功能区达标为目标，

---

① 盛学良、王静、戴明忠：《区域环境准入指标体系研究》，《生态经济》（学术版）2010 年第 1 期，第 318–321 页。

② HONKASALO N, RODHE H, DALHAMMAR C.Environmental permitting as a drive for eco-efficiency in the dairy industry:a closer look at the IPPC directive.Journal of Cleaner Production, vol.13（2005）, pp.1049–1060.

根据环境容量和环境功能区的要求，结合各地实际，根据其建设用地规划、工业发展规划、环境基础设施建设等情况，以"预防为主、保护优先、优化结构、合理布局"为原则，对各地产业发展优劣态势进行比较、分析，从宏观层面划定区域建设项目或工业产业布局的环境保护综合决策机制①。

二、环境准入的主要理论依据

作为可持续发展内涵之一的环境承载力理论是建立区域环境准入机制的主要理论依据。环境承载力是生态系统所能承受的人类经济与社会的限度，一般指在某一时期、某种状态或条件下，某地区的环境资源所能承受的人口规模和经济规模的大小，即生态系统所能承受的人类经济与社会的限度。

自然界的许多资源，如矿石、煤、石油等，都是有限不可再生的。因而对于整个生态系统而言，生态资源以及环境所能容纳的人口和经济规模也是有限的，如果我们对资源和环境的开发利用毫不节制，只顾眼前利益而不考虑长远，那么必然会超过这个限度，对生态环境造成巨大的破坏。因此，我们要建立环境准入制度，对一些企业的开发、运营、排污等相关方面确立各项相关指标，即设立一个门槛，只有达到要求的企业才允许进入，从而对人们的生产经营活动和污染物的排放进行控制，使经济发展和人类活动同环境承载力相协调，达到保护生态环境和实现可持续发展的目的。

三、环境准入的国内外经验

（一）国外方面

首先以美国对大气污染的控制为例，美国政府于 1970 年通过并颁布了《清洁空气法》，其后又分别于 1977 年和 1990 年两次对该法进行了重要修订，标志着美国对环境的准入在法律上制订了严格的标准，对污染气体的

---

① 徐震：《完善环境准入制度 积极优化经济增长》，《环境污染与防治》2010 年第 1 期，第 117–122 页。

排放和控制采取了更为严格的措施,政府确立的排放许可制度、泡泡政策(即总量控制)等成为污染气体控制和环境准入的重要基础①。在这项法律中,由联邦政府制定对污染物质和标准进行细致的分类,制定主要针对二氧化硫、空气污染微粒等污染物的国家空气质量标准,继而由各州政府依据标准采取措施对空气质量进行管控,独立行使监管职责,实行严格的环境准入。

除美国外,矿产资源丰富的澳大利亚,在矿业开发方面也制定并实行严格的环境准入制度,并且建立了比较完善的环境准入机制。首先,形成了比较完善的法律框架。早在1974年,澳大利亚联邦政府制定的《环境保护法》中,就规定对于需要在联邦层面通过的项目,均需要提交环境评估报告。2007年,该法案被纳入《环境和生物多样性保护法(1999年)》(EPBC)。EPBC法案规定:如果矿业项目涉及重大意义的环境事件,必须通过澳大利亚联邦政府环境部长批准后才能进行。此外,各州政府根据自身情况,因地制宜,也制定了许多法律法规和管理条例,但是各州矿业权法基本都规定只有获得环境准入的授权,才有权进行采矿,而矿业环境准入法律又规定申请者通常需要提交有关矿业开发的环境影响评估和矿业开发复垦方案等,获得批准后才能获得环境准入的授权②。因此,采矿主通常是要先提交相关方案、文件等进行审批,得到环境准入授权,进而才能获得采矿权。除法律条文约束外,澳大利亚也实行了严格的监管制度,形成联邦政府、各州/领地政府以及社会监督的监督体系,从而保证环境准入的严格实施和执行。

(二)国内方面

近年来,随着政府对环境保护的逐渐重视,中央及各地方政府在环境准入制度方面出台了许多文件法规,也进行了许多实践,取得了一定成效。

---

① 宋海鸥:《美国生态环境保护机制及其启示》,《科技管理研究》2014年第14期,第226–230页。

② 周栋梁、李文臣:《澳大利亚矿业开发环境准入机制研究》,《中国国土资源经济》2015年第3期,第33–36页。

重庆市于 2008 年印发《重庆市工业项目环境准入规定》，以污染物排放效率为准入条件，积极引导企业向园区集中实现产业合理布局和优化发展。同时深入开展工业园区规划环境影响评价，全市 48 个工业园区均完成规划环境影响评价工作，使得园区投产、在建企业环评执行率达到 100%。坚持所有工业项目进园区集中、集群、集约发展。此外，重庆市根据各地资源禀赋、环境容量和发展水平，制定工业项目环境准入规定和招商引资产业指导意见，将排放效率作为企业准入的重要门槛，按地区和行业分别提出具体的准入要求。对城市上游、三峡库区以及主要城区等相关区域的建设项目都做了严格的规定，严格环境准入机制，从源头控制和防范污染①。

2009 年，在环保部指导下，江苏省开始探索生态空间管制，编制了《江苏省重要生态功能保护区区域规划》（下简称《规划》），对生态功能区进行分类，共划分了 12 类 569 个重要生态功能保护区，运用到环境保护日常监管工作中，形成了生态空间、环境影响、排污总量"三位一体"的环境准入新模式，初步构建生态空间管控格局，对于控制开发强度，推动发展方式转变起到了一定的促进作用，为划定生态红线，优化国土空间格局奠定了基础。随后 2014 年，江苏省开始全面启动生态红线划定工作，以 2009 年编制的《规划》为基础，按照"保护为主、应保尽保，科学评估、合理布局，分级管控、强化措施"的思路和原则，划定自然保护区、风景名胜区等 15 类不同类型的生态红线区域，实行分级保护措施，明确环境准入条件，强化环境监管执法力度，确保各类生态红线区域得到有效保护②。

2008 年，浙江省全面实行市、县（市、区）域生态环境功能区规划，

---

① 重庆市环境保护局：《环境保护信息 2012-7 期》，环保信息〔2012〕7，2012 年第 5 期，第 21 页。

② 江苏省人民政府：《省政府关于印发江苏省生态红线区域保护规划的通知》，苏政发〔2013〕113 号，2013 年第 9 期，第 23 页。

将各个区域分为重点、优化、限制和禁止准入区，明确规定各区域生态环保目标，按不同区域的资源环境禀赋和环境承载力，提出科学的、合理的空间环境准入要求。总量准入方面，以强化规划环评为重点，积极研究制定区域或行业领域落实污染减排的政策措施，不断强化规划环评制度在严格区域和行业总量准入方面的作用，把总量控制的要求逐步融入推进产业园区和各类专项规划的规划环评。项目准入方面，通过实行污染物总量替代削减、完善重污染行业环境准入条件、实施区域限批、强化环评审批管理等一系列措施，全面加强项目环境准入。制定实施"以新带老""增产减污"和"区域削减替代"的政策制度，并根据环境功能区达标情况和行业污染强度确定不同的削减替代比例。经过四年的探索实践，到 2012 年，浙江省初步确立空间、总量和项目的"三位一体"的环境准入制度。

新疆于 2014 年 2 月颁布了《新疆维吾尔自治区重点行业环境准入条件（试行）》，为生态环境保护工作起到了源头控制的作用。首先，自治区根据不同的生态功能，将全区划分为水源涵养、水土保持、绿洲服务、防沙固沙、地表和地下水源以及特殊保护 6 类生态环境功能区，确定保护红线，重点行业环境准入条件对涉及生态红线的项目做了严格规定，不能越雷池一步。其次，根据各个行业的特点，针对不同的行业提出了明确的选址要求；对区域准入条件实施分类指导，合理利用各地的环境容量资源，优化工业项目布局，避免造成不可挽回的环境问题。从确保环境安全出发，对区域禁止产业进行了明确规定，防止产业不当发展。如"禁止在乌鲁木齐硫磺沟矿区再建新矿，现有煤矿不得扩大产能，矿区内的小型煤矿需进行优化整合。禁止在乌鲁木齐县水西沟松树头矿区进行煤炭资源开采项目，南山景区内所有的煤炭开采项目逐年降低产量直至关停。"同时，为了减轻城市周边的工业污染对大气环境造成的威胁，规定在乌鲁木齐大气污染治理联防联控区域新建、改建或扩建建设项目应符合《乌鲁木齐区域大气污染防治气污染防治"十二五"规划》《关于加强乌鲁木齐区域大气污染防治工作的若干意见》等相关文件要求，严格环境准入，进一步加强大气联防联控的力度。最后，严格区域总量控制。规定未按要求完成污染物总量削减的企业或区域不得建设新增相应污染物排放量的项目，不得影响总量减排计划的完成。尽量在减少新增排污量的同时，通过"以新带老"等措施，做到"增产不增污"和"增产减污"，较好地保证减排目标的实现，严格环境准入 ①。

第二节　环境准入整体框架

一、环境准入的层次

根据环境准入应用尺度的不同，可将环境准入划分为区域、行业、企业（项目）等 3 个层次，各层次环境准入的研究内容各有差异。

（一）区域层次

在一定条件下，某一环境区域内对人类活动造成影响的最大容纳量即区域环境容量，以及一定区域内的环境承载力是有限的。如果在一定区域内，产业布局、结构不合理，或者产业过度集聚，则容易造成区域内污染物排放超过区域内环境容量，不利于区域可持续发展。因而要根据区域资源环境禀赋，因地制宜，坚持预防为主，保护优先的原则，实施区域环境准入，对区域内产业进行合理布局，加强对污染物的源头控制，充分合理地利用区域环境容量，优化区域产业布局，控制污染物的排放。在区域层次，环境准入研究的主要内容包括符合区域产业政策，符合各项发展规划，符合环境功能区划、环境容量的约束作用等方面 ②。

区域环境准入制度在我国的许多法律条文中都有体现，如 1989 年颁布，

---

① 董亚明、白雁斌、蔡炜、王长胜：《严格实施环境准入加强源头污染控制——以新疆环境管理为例》，《环境与可持续发展》2014 年第 6 期，第 140—141 页。

② 高宝、傅泽强等：《产业环境准入的国内外研究进展》，《环境工程技术学报》2015 年第 5 卷第 1 期，第 72—78 页。

后又于 2010 年修正的《饮用水水源保护区污染防治管理规定》第十二条就对饮用水地表水源各级保护区及准保护区的分别制定了不同标准的环境准入，规定一级保护区内禁止新建、扩建与供水设施和保护水源无关的建设项目，二级保护区内不准新建、扩建向水体排放污染物的建设项目，改建项目必须削减污染物排放量，同时对一、二级保护区及准保护区的污水排放也做了相关规定①。此外，新修订的环保法对国家重点生态功能区、环境敏感区和脆弱区等都划定了生态红线，根据不同区域规划、定位，因地制宜确立不同准入标准，实行严格的保护措施，也是实行区域环境准入的一种体现。

（二）行业层次

建立、实行行业环境准入制度，关键是要统筹分析各行业的整体技术水平，设置合理明确的准入指标限值，即合理设置准入门槛。如果准入门槛设置过高，不切实际，则有可能不仅不利于优化产业布局、促进产业转型升级，而且可能会将所有产业一棒子打死，不利于经济发展；如果门槛设置过低，则可能不能达到预期效果，对污染物进行有效的源头控制。在行业层次，现有研究的主要内容包括行业技术水平、生产能力、资源能源消耗强度、污染物排放强度等方面②。

近年来，政府颁布了许多文件对相关行业准入做了明确规定。如工信部 2010 年颁布了《水泥行业准入条件》，对相关项目建设条件、生产线布局、生产线规模、工艺装备、能源消耗等都指定了相关标准，做了详细规定，并对各省水泥产量进行总量控制，从而达到抑制产能过剩和重复建设，加快结构调整，引导和促进水泥行业健康发展的目的。除水泥外，工信部近几年还颁布和修订了许多其他行业准入的相关文件，如：2010 年修订了《印

---

① 国家环保局：《饮用水水源保护区污染防治管理规定（2010 年 12 月 22 日修正版）》，环境保护部令第 16 号，2010 年第 12 期，第 22 页。

② 高宝、傅泽强：《产业环境准入的国内外研究进展》，《环境工程技术学报》2015 年第 5 卷第 1 期，第 72–78 页。

染行业准入条件》，2013 年制定了《铸造行业准入条件》，2014 年修订了《焦化行业准入条件》等。同《水泥行业准入条件》一样，这些文件都对各行业环境准入标准和条件等各个方面做了详细规定，对工业行业的发展进行了规范，并提供了一个明确导向。

浙江省从 2009 年开始，已经颁布电镀、农药、化学原料药、废纸造纸、印染、生猪养殖、啤酒、染料、热电联产、化纤、皮革、黄酒酿造等12 个行业环境准入指导意见，从生产规模、产业政策、产业布局、装备水平和污染控制等多个方面为相关行业的建设项目设立了环境准入指标，使浙江产业转型升级取得了明显成效[①]。

（三）企业（项目）层次

与行业层次的环境准入一样，企业（项目）层次的环境准入也需要确立相应的指标，从而对项目进行遴选以及选址，但是与行业层次相比，企业（项目）层次的指标体系一般没有明确的指标限值，大多通过层次分析法等计算综合得分，然后再综合比较得出结论[②]。在企业（项目）层次，现有研究的主要内容包括落实项目环评、企业（项目）遴选、选址等方面。

2008 年，武汉市颁布了《武汉市建设项目环境准入管理若干规定》[③]，对工业项目、城市基础设施项目、房地产项目、餐饮娱乐服务类项目、禽畜养殖业等各类项目的准入条件、排放标准、选址等都做了相关规定。除武汉外，广西壮族自治区也于 2012 年颁布《广西壮族自治区建设项目管理办法》，对自治区内新建、改建和扩建项目环境影响评价文件审批，以

---

① 许强、陈金海、卫俊杰：《浙江：构建环境准入体系促进产业转型升级》，《环境影响评价》2014 年第 3 期，第 26-29 页。
② 高宝、傅泽强等：《产业环境准入的国内外研究进展》，《环境工程技术学报》2015 年第 5 卷第 1 期，第 72-78 页。
③ 武汉市环保局：市环保局关于印发《武汉市建设项目环境准入管理若干规定的通知》，武环〔2008〕80 号，2008 年第 10 期，第 15 页。

及相关管理活动、建设项目选址等进行相关规定，严格环境准入①。此外，在国家发改委 2011 年修订的《产业结构调整指导目录（2011 年本）》②中，不同行业的不同建设项目都根据不同情况被划分为鼓励类、限制类、淘汰类三类。以煤炭为例，120 万吨 / 年及以上高产高效煤矿（含矿井、露天）、高效选煤厂建设项目是属于鼓励类的，采用非机械化开采工艺的煤矿项目、设计的煤炭资源回收率达不到国家规定要求的煤矿项目等属限制类，单井井型低于 3 万吨 / 年规模的矿井项目等，则被划为淘汰类，这实际上也是项目环境准入的体现。

除法律条文的规定外，各地也进行了许多实践，设置项目准入门槛，严把准入关口。山东省潍坊市从产业政策、布局方面设置门槛，对高耗能、高污染项目从环保审批入手进行严格把控，淘汰产能过剩项目，自 2013 年起，已拒批或暂缓受理重污染项目 100 多个，这些建设项目多为燃煤化工等高耗能、高污染项目，金额共达 170 亿元③　。

二、环境准入的指标

实行环境准入制度，在项目开工前对所有项目进行审批，则必须制定一个标准，设置一定的门槛，即确立准入指标，从而对项目进行评价和筛选。

（一）确立的原则

（1）预防为主、保护优先

环境准入指标的确立应坚持"预防为主、保护优先"的原则，遵循自然规律，充分考虑区域内的环境承载力、环境容量等因素，并且具有预见

---

① 广西壮族自治区人民政府办公厅：《广西壮族自治区人民政府办公厅关于印发广西壮族自治区建设项目环境准入管理办法的通知》，桂政办发〔2012〕103 号，2012 年第 4 期，第 13 页。

② 国家发展和改革委员会：国家发展改革委关于修改《产业结构调整指导目录（2011 年本）》有关条款的决定，国家发展和改革委员会令〔2013〕第 21 号，2013 年第 2 期，第 16 页。

③《严把建设项目准入关，拒批暂缓 110 个重污染项目》，《中国环境报》2015 年 4 月 2 日，第 7 版。

性和防范意识，确保从源头上对污染进行治理，避免走"先污染后治理，边污染边治理"的老路。

（2）优化结构、合理布局

指标的确立还应以"优化结构，合理布局"为原则，淘汰落后工业项目，对新型能源项目、高科技产业等给予鼓励，并且鼓励技术创新，同时还要考虑不同区域的具体情况，设立不同标准，从而提高资源利用效率，优化产业结构和产业布局。

（二）考虑因素

根据环境准入的基本内涵，可从区域环境容量、生态功能区划、污染物排放、区域环境与经济基础四个方面考虑，进而确立准入指标。

（1）环境容量

环境容量又称负荷量，是在人类生存和自然生态系统不致受害的前提下，某一环境所能容纳的污染物的最大负荷量，是评估一个地区在生态环境不受危害前提下可容纳污染物的能力的重要指标。环境容量受到空间大小、生态特性、污染物等多种因素的影响，不同条件下不同地区的环境容量都有所不同。我国因为地域原因，各地区气候、环境等自然条件差异很大，因而各地在确立环境准入指标时，要考虑自身环境容量，确立不同的区域环境准入条件或准入标准。

（2）主体功能区划

根据环境承载力、现有开发密度、发展潜力以及未来发展方向等情况，在进行综合分析的基础上，将国土空间划分为优化开发、重点开发、限制开发和禁止开发区域四类。不同区域对应不同的环境准入标准，各类自然保护区等禁止开发区域以及限制开发区的准入门槛必然较高，优化和重点开发区域则管理限制较为宽松，门槛相对较低。因而在确立指标体系时，也要考虑不同主体区划，项目建设要以主体区划为依据，选址和生产过程中都要考虑主体功能区划的要求。

（3）区域环境与经济基础

区域环境与经济基础反映区域资源能源集约化利用情况、环保基础设施建设情况及区域环境管理情况等，在设置指标时，考虑区域环境现状，经济基础及发展水平，以及污水处理技术、设施等水平，在此基础上，再设置相应指标。

（三）环境准入指标体系

环境准入是一个多层次、多要素的控制体系，最终实施需要依靠全面具体的指标体系。环境准入指标体系由若干自然社会经济指标构成，这些指标之间相互联系，反映建设项目对所在区域可能产生的影响以及与区域发展现状和方向是否吻合，从而为项目决策提供参考。一般而言，环境准入指标体系的主要包括空间准入、时序准入、总量准入、强度准入指标四个方面（如图6-1所示）。

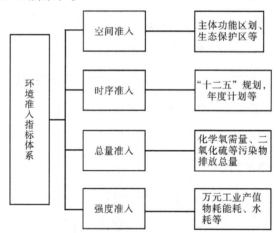

图6-1　环境准入指标体系

空间准入指标主要是体现空间自身对产业发展的约束要求，根据不同功能区划，确立不同标准的指标。浙江省以省、市、县三级生态环境功能区规划，以及以生态环境功能区规划为基础的主体功能区划为依据，通过分区环境管理，实施差别化的资源环境准入和管理政策，其中嘉善县更是编制了《嘉善县生态环境功能区划》，将国土空间划分为禁止准入、限制准入、重点准入和优化准入 4 类主体功能区域，明确各区生态环保目标，对各区产业布局、项目准入等方面提出不同的指标[①]。

时序准入指标主要是要求产业发展必须与国民经济总体及部门专项规划相衔接统一，与国家和地方要求、社会总体规划和年度计划相统一。从当前来说，总体上产业经济发展要符合国家"十二五"规划等大政方针，具体来说则必须与工业、农业、城市建设等专项规划相统一。比如《武汉市 2015 年主要污染物总量减排年度实施计划》，规定了 2015 年度武汉市的化学需氧量、氨氮排放总量等污染物具体的减排目标，就是时序准入指标。

总量准入指标主要是从污染物排放总量出发，要求行业发展的污染排放必须达到总量控制要求，符合各相关行业以及国家和地方制定的总量控制标准，并在此基础上，充分考虑区域的环境容量、环境承载力以及环境自净能力，制定具体的项目准入标准。比如河南省 2012 年颁布的《河南省"十二五"主要污染物排放总量控制规划》要求 2015 年化学需氧量排放量必须由 2010 年的 148.24 万吨减少到 133.5 万吨，这种具体到具体污染物排放的规定就是一种总量控制指标。

强度准入指标主要体现的是污染物的排放水平和能源消耗水平。污染物排放强度反映的是单位产值的能源消耗，因而与总量准入所不同的是，强度准入不仅考虑了污染物的排放，而且考虑了经济贡献。以 2010 年修订的《印染行业准入条件》为例，该文件对现有和新建、扩建的印染项目印染加工过程综合能耗及新鲜取水量做了规定，比如规定在新建

---

① 晏利扬：《"控制闸"何处着力更有用，浙江探索建立空间、总量、项目三位一体环境准入制度》，《中国环境报》2012 年 5 月 31 日，第 1 版。

或改建的项目中，纱线、针织物每吨综合能耗要小于等于 1.2 吨标煤。强度准入指标的设置，主要是为了提高资源利用效率，降低能源消耗，发展循环经济。

三、环境准入的影响评价

环境影响评价，是指对规划、建设项目可能产生的环境影响进行评估，根据评估的结果，采取有效的措施和控制技术，减少或消除可预见的风险、影响，并进行跟踪监测，保护生态环境的制度。

（一）评价目的

环境影响评价的目的就是通过分析建设项目对环境可能造成的影响，确定项目是否符合相关标准和法律文件的规定，从而明确项目是否有建设资格，即是否符合准入标准，并且对不符合标准的项目提出改进意见，减少环境损害，使得在开发、建设项目追求经济效益的同时，兼顾环境效益。

（二）评价内容

根据上文中确立的空间准入、总量准入等各项指标，充分利用现有的各种资料，对项目可预见的风险、影响进行评价，主要包括自然环境因素、生态环境因素、社会经济因素三个方面。

自然环境因素主要包括水、大气、土壤、噪声等方面，主要表现为污水排放量、废气排放浓度、可吸入颗粒物排放浓度、固体废弃物、噪声等指标值，这些指标值都应该符合国家和地方的法律文件规定，以及上文中环境准入指标门槛。

生态环境因素主要针对动植物、绿化率和生态敏感区。新建、改建或扩建项目需要进行建筑物的建设，因此必然会破坏土地原有的自然结构和植被，对动植物的生长以及城市绿化率都会产生影响，对于重点生态保护区等生态敏感区而言,过度的开发则必然会造成生态环境的失衡,破坏生态系统,因而这些都是环境影响评价应该评价和考虑的内容。

社会经济因素主要考虑的是经济效益、城市发展规划和基础设施建设。除了会对环境造成不利影响外,项目的开发和运营也必然会带来一定的经济效益,一定程度上会促进区域经济的发展,因而经济效益也是应该评价和考核的主要内容。此外,项目的开发建设也会对原有的基础设施产生一定影响,并且一定程度上可能会打破原有的城市规划,产生城市建设项目与城市规划、区域规划或经济发展规划不相符的不利影响,因而这些都属于环境影响评价范畴,是要考虑的主要内容[①]。

（三）评价主体

由于环境问题往往是专业性较强的科学问题,因而使得环境影响评价具有很强的技术性和专业性,因而环境影响评价的主体,首先应该是经验丰富的从事环境影响评价工作的专业人士,即由专家来进行评审。对于专家而言,他们比常人更加熟悉国家法律法规和政策,了解宏观经济、区域协调发展、国家产业发展及可持续发展等重大决策或政策,并且熟悉工业各行业、农业、畜牧业、能源、水利、交通、城市建设、旅游、自然资源开发等领域规划编制政策或技术要求,以及相关行业生态环境保护政策和技术要求和国内外研究进展和动态,因而他们理所当然应为环境影响评价的主体。

除专家外,社会公众也应积极参与到环境影响评价中来,成为环境影响评价的主体。因为一些项目,如餐饮、娱乐等的建设,将会直接影响公众生活,还有一些工业项目可能会直接影响公众生活环境,给居民生活带来噪声等污染,给居民造成困扰,因而社会公众也有权发表自己的意见和看法,参与到评价中来。许多地区已经采取了相关措施,鼓励

---

①　于海洋:《城市建设项目环境影响评价研究》,东北石油大学,2014 年。

和支持公众参与环境影响评价。2011 年浙江省嘉兴市就在浙江率先成立了建设项目公众参与团，并在各开发区设立公众参与小组，聘请了 39 位来自不同岗位的热爱环保事业的市民为 x 小组成员，从而让公众能够参与对重大建设项目的环境影响评价和监督过程[①]。

下图为环境准入机制的整体架构。

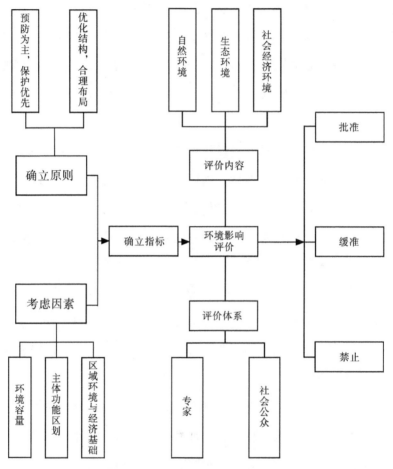

图 6-2 环境准入基本框架

① 晏利扬：《"控制闸"何处着力更有用，浙江探索建立空间、总量、项目三位一体环境准入制度》，《中国环境报》2012 年 5 月 31 日，第 1 版。

第三节　武汉市湖泊生态红线区域环境准入的现状分析

一、武汉市当前湖泊生态红线区域环境准入相关政策

近年来武汉市出台的政策法规中，都含有对环境准入的描述和规定。根据《武汉都市发展区1∶2000基本生态控制线落线规划》《武汉市中心城区湖泊"三线一路"保护规划》和《武汉市基本生态控制线管理规定》，将武汉市中心城区湖泊功能与分类进行定位划分,构建空间准入、项目准入、总量准入"三位一体"的环境准入新模式，分为"两区"分层分区管理和"三线一路"湖泊水体保护控制体系及"两评结合"的环境决策咨询制度。

（一）"两区"分层分区管理

2013年,武汉市发布《武汉都市发展区1∶2000基本生态控制线规划》,单独划出1814平方千米作为生态保护范围，后又进一步细分，划为1566平方千米的生态底线区以及248平方千米的生态发展区，实行"两区"分层分区管理（如图6-3所示）。

生态底线区主要包括：饮用水源一级和二级保护区,风景名胜区、森林公园及郊野公园核心区，自然保护区；高速公路、快速路、铁路等的防护绿地等，湖泊湿地也属于生态底线区。顾名思义，底线区是生态安全的最后底线，因而施行最为严格保护措施，除了必要的基础设施和风景游赏设施外，在底线区内，其余建设项目都被明令禁止。

除上述生态底线区域外，其他生态较为脆弱区域均为生态发展区。与生态底线区相比，生态发展区的准入条件相对较为宽松，在符合项目准入条件的前提下，发展区可有限制地进行低密度、低强度建设，但同样禁止房

产开发等项目。

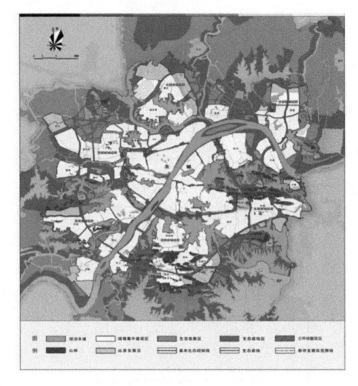

图6-3武汉市生态底线区和生态发展区划分

（二）"三线一路"湖泊水体保护控制体系

武汉市根据2007年颁布的《武汉市中心城区湖泊"三线一路"保护规划》，在明确湖泊功能和分类的基础上，划定了湖泊蓝线、绿线、灰线"三线"，分别为湖泊水域保护线、环湖绿化控制线、环湖滨水建设控制线，"一路"即环湖道路，包括环湖车行路和步行路。根据不同控制线区域，提出不同的控制要求和准入条件，比如针对环湖绿化控制线设置绿化面积比、绿化开敞岸线率等具体控制指标。

（三）"两评结合"环境影响评价制度

"两评结合"即专家评估与公众参与、监督的环境影响评价制度，充分发挥专家在环评审批过程中的技术咨询、技术把关等专业作用，同时鼓励和支持公众参与评价和问责机制。根据武汉市环保局网站 2012 年公布的湖北省环境影响评价专家库专家名单，湖北省共有专家 135 人，且大多来自中国地质大学等高校的教授或湖北省环境科学研究院等科研院所的工程师，专业性和技术性较强。此外，2006 年，武汉市颁布的《武汉市环境影响评价实施办法》，也对此做了相关规定，比如：要求建设单位在报批建设项目环境影响报告书前，应当征求有关单位、专家和公众的意见；不编制环境影响报告书，但可能对所在地居民产生产生恶臭、油烟、噪声等直接影响的项目，建设单位也应当征求项目所在地公众意见，并且规定在应征求专家、公众意见而未征求或者设计重大公众利益等情况时，应举行听证会。由此可见，武汉市在进行环境影响评价时，十分重视专家和公众意见，建立"两评结合"的制度。

下图为武汉市湖泊生态红线区域现有环境准入政策的概况。

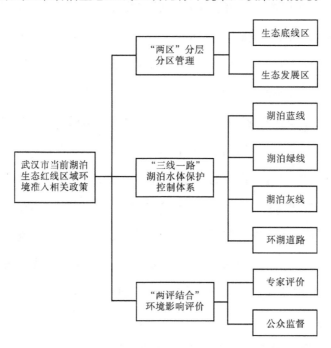

图 6-4　武汉市当前湖泊生态红线区域环境准入相关政策

二、现有环境准入机制的作用

1. 对污染源进行预先控制，有利于彻底实现节能减排，促进可持续发展

水利部长江委员会长江科学院副院长陈进表示，现在武汉市基本上没有二类水的湖泊，可能有些湖泊局部地方有二类水，随着湖泊污染的加剧，大部分湖泊水质降到五类、劣五类，武汉众多的湖泊中，水质能达到饮用标准的很少。实行环境准入制度，制定相关标准，在项目正式实施运营前，对项目进行审批，对达不到具体要求和相关指标的项目，可以直接驳回，不予批准，或者暂缓批准，直至其改善条件，达到相关要求，再予批准实施，这样有利于对污染物的排放进行总体控制，彻底实现节能减排。据了解，2013 年，武汉市环保局就曾先后对御龙湾房地产项目、100 万吨煤焦油、世茂年华等 12 个涉及黄家湖、后湖等多个湖泊的不合要求的建设项目实施缓批，对未批先建的两个项目责令停止。这样对项目进行预先审批，就可以从源头上对污染物进行控制，有利于彻底实现节能减排的目标，改善环境质量，从而促进可持续发展。

2. 有利于调整产业结构，促进经济发展方式由粗放型向集约型转变

实施环境准入，关停淘汰湖泊落后产业，鼓励企业引进先进技术设备，进行技术改造，提高资源利用率，促进节能减排，实现新常态下经济发展方式的转变。武汉市可以参考重庆市的实践经验，对高污染、高消耗的落后企业进行整治或关停，同时投入资金支持企业进行技术上的改造和提升，减少污染物的排放，另一方面，鼓励机械电子等高新技术产业的发展，优化产业结构，实现经济发展方式由粗放型向集约型转变。

3. 有利于优化产业布局，推动产业集聚

环境准入制度必然会对企业的选址做出严格的规定，对各种新建、扩

建和改建的项目进行严格把关，使得项目选址符合城市规划和发展要求，建立相应的工业园区，同时要求工业园区配备相应的污水处理等设施，这样有利于优化产业布局，实现产业集聚。随着经济的发展，湖泊的污染也越来越严重，对于一些湖泊周边的重工业企业等污染企业，进行重新选址，建设相应工业园区对这些企业进行搬迁，有序地整合空间，强化核心功能，有利于优化产业布局，形成分工合理、功能优化、发展协调的现代产业新格局，推动产业集聚。

三、现有环境准入机制存在的问题

1. 指标的确立缺乏具体的依据

虽然当前指标的确立有《武汉都市发展区 1 ： 2000 基本生态控制线规划》《武汉市 2015 年主要污染物总量减排年度实施计划》等法律文件做参考，但是这些文件都是针对武汉市全体区域以及武汉市主要污染物的相关规定，没有具体针对湖泊区域以及湖泊主要污染物的相关要求和具体标准，因而具体指标的确立难以标准化。

2. 环境影响评价和环保审批制度亟待完善

虽然武汉市早已在 2006 年出台了《武汉市环境影响评价实施办法》，但是 9 年间没有根据情况变化，适时做出调整，此外，环保审批程序烦琐，效率也比较低下，这些都是准入机制建立过程中亟待解决和完善的问题。

3. 环境监管不到位

对申请审批的建设项目监管力度和频次较为不足，对于审批通过的建设项目，没有及时进行跟踪监督管理，容易出现"重审批，轻监管"的现象。

4. 公众参与不足

虽然《武汉市环境影响评价实施办法》等一些法律法规中制定了一

些措施保障公众的参与权，但就现实情况来看，公众的参与度并不高，对于湖泊生态红线区域的环境保护以及湖区周边项目建设等情况的了解也严重不足。

5. 人才匮乏，科技创新能力不足

环境准入机制和环境影响评价的建立完善都需要高水平的人才和科技创新能力，而武汉作为我国重要科研教育基地，虽然高校、科研院所众多，但人才流失严重，与北京、上海等一线城市相比，人才较为匮乏，技术创新能力不足，这些都成为武汉市湖泊环境准入机制建立的障碍。

第四节　武汉市构建湖泊环境准入机制的构想

一、武汉市湖泊生态红线区域环境准入指标体系

武汉市湖泊生态红线区域环境准入指标的确立应体现区域环境准入的目标和任务，反映经济建设与环境及环境保护的相互关系，对建设项目选址、产业布局具有指导或引导作用。

（一）确立原则

1. 目的性原则

指标体系的建立要紧紧围绕《武汉市总体规划（2010—2020年）》中的城市发展目标，依据其总体发展目标、经济发展目标及社会发展目标来设计，并且围绕《武汉市2015年主要污染物总量减排年度实施计划》中规定的具体减排目标，以最终实现节能减排，促进可持续发展为目的，选取有针对性的典型指标，多方位、多角度地全面反映湖泊生态红线区域环境的准入门槛。

2. 可操作性原则

武汉市湖泊生态红线区域指标的设立应在充分了解武汉市湖泊现状以及各相关法律条文的基础上，选取最能反映区域环境准入内涵而又比较精炼的指标，避免指标过于复杂烦琐，从而使得相关数据资料的采集比较简易，易于操作。

3. 生态优先原则

"生态优先"原则是针对通常所奉行的一味追求经济增长的"经济优先原则"而提出的，武汉市湖泊生态红线环境准入指标的设置必须遵循湖泊生态规律，充分考虑湖泊生态环境的承载力，优先开发湖泊的巨大生态功能，避免片面追求经济增长，对湖泊湿地资源进行大肆开发和过度使用，忽视对湖泊生态环境的保护，从而保证湖泊生态环境的可持续发展。

4. 因地制宜原则

由于各湖泊所处区域和污染程度都有所不同，武汉市湖泊生态红线区域设置准入条件或指标时，应充分考虑到武汉市的自身情况和湖泊的现状，考虑区域发展的有利或不利条件，趋利避害，因地制宜，因势利导，制订符合武汉市自身实际和湖泊现状的准入指标体系。

5. 时效性原则

从动态的角度看，随着经济的不断发展和时间的不断推移，武汉市湖泊污染状况和程度，以及整个社会的认知和环境保护目标都是不断变化的，因而在设置湖泊生态红线区域生态准入指标时，武汉市应根据各个时段的湖泊环境保护目标和实际情况，规定不同时期或过渡时限的区域环境准入指标限值，并且跟踪其变化情况，以便适时调整，从而与不同时期的总体目标相一致。

6. 定性与定量相结合的原则

　　武汉市在设置湖泊环境准入指标时，还必须坚持定性与定量相结合的原则，首先从区域、时序等角度确立定性指标，其次还应在定性分析的基础上，进行量化处理，确立具体的量化指标。对于量化指标，可以采集具体数据、资料进行分析，而难以量化的定性指标可由专家进行具体评价和审核，从而形成一个比较全面科学的指标体系。

　　此外，上述六项原则之间还存在一定的关系（如图 6-5 所示）。首先指标设置的目的性决定了其必须符合可操作性和生态优先的原则，生态优先原则也决定其必须具有实际可操作性，在满足可操作性原则之后，必须满足生态优先的原则，而可操作性原则又通过因地制宜和时效性来体现。而上述各项原则都要通过定性与定量相结合才能体现。最后，所有上述各项原则皆由评价的目的性决定，并以目的性原则为前提[①]。

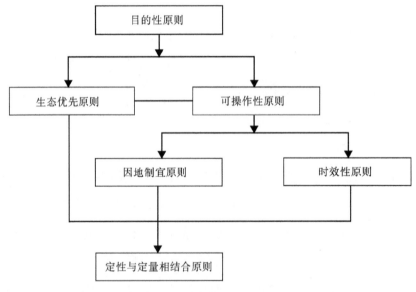

图 6-5　各原则之间的相互关系

---

　　① 盛学良、王静、戴明忠：《区域环境准入指标体系研究》，《生态经济》（学术版）2010 年第 1 期，第 318-321 页。

（二）武汉市湖泊生态红线区域环境准入指标

1. 时序与空间准入指标

首先在时序上，要符合国家"十二五"规划等总体规划对环境准入和污染物排放的相关要求，以及《武汉市 2015 年主要污染物总量减排年度实施计划》中规定的 2015 年度减排目标，根据《武汉市湖泊保护条例》对按规划建设排水泵站、污水处理设施、相关的市政设施和国家重点工程项目，进行环境影响评价。其次在空间上，要符合生态功能要求，符合市场准入的空间布局，根据《武汉都市发展区 1 ∶ 2000 基本生态控制线落线规划》《武汉市中心城区湖泊"三线一路"保护规划》等文件中对湖泊湿地等区域的准入规定，并且根据各湖泊自身情况，为各湖泊区域设置不同准入条件，对湖泊周边房地产等项目建设进行限制。

2. 总量与强度准入指标

区域经济增长以及产业引进，首先不能超越武汉市污染物排放总量指标，并且要符合和达到国家规定的总量控制目标，以不损害生态环境为前提。符合《湖北省 2014—2015 年节能减排低碳发展实施方案》《武汉市 2015 年主要污染物总量减排年度实施计划》等相关文件中，对减少武汉市污染物排放总量和强度的规定。按照《武汉市湖泊保护条例》的规定，对湖泊规划控制范围内的生产、经营、服务等设施，采取建设相应的污水处理设施等具体措施，并且进行技术创新，提高能源利用率，从而达到控制污染物排放总量、强度，实现节能减排的目的。

二、武汉市湖泊生态红线区域环境准入保障措施

1. 推进环境准入机制的标准化建设

实施环境准入制度的关键在于环境准入指标的确定。武汉市在确立湖泊生态红线区域环境准入指标时，要按上文中所提的要求，对湖泊

环境容量等多种因素进行考核，坚持既定的原则，在坚持已有行政法规的基础上，进行充分的调研、科学测算和技术论证，进一步推进环境准入机制的标准化建设。

2. 进一步规范建设项目环评审批程序

武汉市要进一步规范环评审批程序，对已有的 2006 年颁布的《武汉市环境影响评价实施办法》应根据具体情况的变化，进行适时调整和修订，同时可以根据该办法制定具体的针对湖泊生态红线区域的环境影响评价的实施办法，进一步明确外部程序和内部流程，健全和完善行政决策机制。此外，还要提高环评审批效率，健全规划环评管理制度，确保湖泊生态红线区域新建项目达到建设要求，减少对环境的污染。

3. 着力提高建设项目全过程环境监管能力

对于湖区建设项目，武汉市政府相关部门应持续强化建设项目"三同时"跟踪管理，在完善制度、健全档案的同时，采取多种针对性措施，进一步加大跟踪监管力度，杜绝"重审批，轻监管"的现象。首先是加大检查力度和频次，组织人员对湖泊生态红线区域审批项目进行全面清查，并多次组织现场抽查和检查，要求建设单位经批准在湖泊规划控制范围内从事工程设施建设的，严格按批准的方案进行。同时，加强建设项目试生产审核，对不符合试生产要求的，及时提出整改要求，督促企业在试生产前落实"三同时"的各项措施。

4. 不断完善政务公开措施，引导和鼓励公众积极参与

项目的建设与居民的生活环境息息相关，在湖区周边进行房地产等建设项目，必然对湖区周边居民造成一定影响，因而在准入机制建设过程中，还应重视公众意见。武汉市应建立企业环境信息公开制度，鼓励公众更积极主动地参与环保、环评、监督等工作，切实保障公众的环保知情权、参与权和表达权。一是在对湖泊生态红线区域环境准入机制建立过程中，增

加湖区环境管理相关部门管理的透明度，推进环保政务公开，落实湖区建设项目行政许可行为的政务公开制度，确保湖区周边居民乃至武汉市民能够及时了解湖区环境保护的相关信息。二是完善公众参与机制，保障公众环境权益。通过网站公示、报纸公示、开通电话专线、设置专门邮箱等受理公众意见，进一步完善湖泊生态红线区域建设项目环境管理公众参与机制，积极拓宽公众参与渠道和形式。三是积极探索与湖泊生态红线区域相关的重大事项民主恳谈、行政许可听证、民主座谈等方式，广泛听取社会各界对湖泊生态红线区域建设项目环保审批工作意见建议，广泛听取公众意见，并且鼓励公众参与到环境评价工作中来，接受群众监督，提高决策的民主化程度。

5. 吸引高科技人才，加快科技创新

要建立环境准入机制，实现节能减排，则必须拥有高科技人才，进行技术创新，提高能源利用率，开发新能源。同时进行环境影响评价也需要具有较高专业素养的专家，因而人才和科技在建立环境准入机制中也十分重要。武汉市虽然有许多高等院校和科研机构，但人才流失也十分严重。因而武汉市应采取相应措施，加强环保人才队伍建设，同时建立高层次环保人才培养和引进机制，加大对外交流合作，建立一支高素质队伍，从而能够为湖泊生态红线区域环境准入机制的建立和实施建言献策，提供人才保障。此外，也应加强科技创新，深化产学研合作，加强对突出的湖泊生态环境问题、湖泊污染治理先进技术以及环境决策管理等前瞻性研究，推进资源循环利用、节能减排等技术的研发，为湖泊生态红线区域环境准入机制的建立和实施提供科技和人才保障。

下图是对武汉市湖泊生态红线区域建立环境准入机制整体过程的一个概括分析。

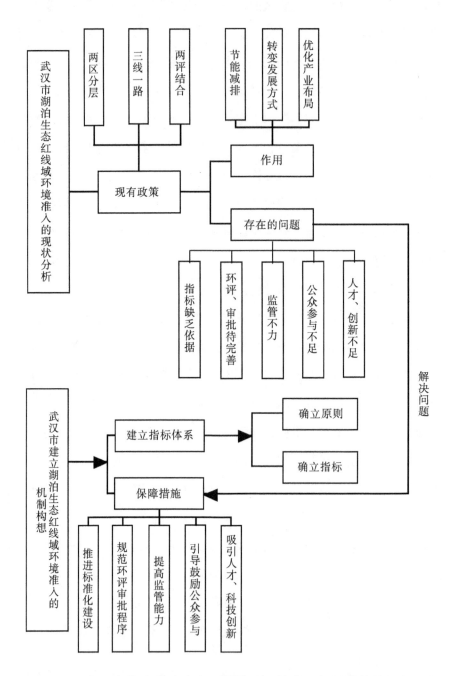

图 6-6 武汉市构建湖泊生态红线区域环境准入机制的整体概括分析

第七章　湖泊生态红线区域生态补偿机制

第一节　生态补偿的理论基础及国内外经验

生态补偿作为环境保护中的一项重要内容已经越来越受到国家的重视和社会的关注。去年四月经由全国人大常委会表决通过、今年1月开始实施的新《环境保护法》[①]，也对生态补偿做了相关规定，明确指出要加大财政转移支付力度，落实补偿资金，建立健全生态保护补偿制度。除此之外，政府在《水污染防治法》《水土保持法》等许多相关法律条文中，也都对生态补偿做了相关规定，由此可见国家建立健全生态补偿制度的决心。

一、生态补偿内涵

关于生态补偿，目前国内外许多专家学者都尚未给出十分明确的定义。国际上，趋近于生态补偿的概念是生态环境服务付费（PES，payment for ecosystem services）。

对于生态补偿，一般解释为，综合运用行政、市场等多种手段，根据生态系统的服务价值，以及相关的生态保护所需成本、机会成本、发

[①] 中华人民共和国主席令第九令，2014年4月24日第十二届全国人民代表大会常务委员会第八次会议修订，中央政府门户网站，http://www.gov.cn/zhengce/2014-04/25/content_2666434.htm，2014年4月25日。

展成本等指标，调节生态环境保护方、建设方等相关利益群体之间的利益关系，从而在根本上达到保护生态环境，促进人与自然和谐发展，实现可持续发展目的的一项环境经济政策。此外，生态补偿坚持"谁污染谁付费、谁破坏谁补偿、谁受益谁补偿和谁保护谁受益"的原则，对人们的行为具有激励作用，主要针对的是区域性生态保护和环境污染防治领域。生态补偿应包括以下几方面主要内容：一是对生态系统本身保护、恢复或破坏的成本进行补偿；二是通过经济手段将经济效益的外部性内部化，即将额外成本或者收益都由生产者自己来承担或享有；三是对个人或区域保护生态系统和环境的投入或放弃发展机会的损失的经济补偿；四是对具有重大生态价值的区域或对象进行保护性投入①。

二、生态补偿的理论依据

生态补偿的原理是解释和进行生态补偿的理论基础。因此，需要对生态补偿的原理进行具体分析，本文认为生态补偿的原理主要包括以下几个方面。

（一）外部性理论

萨缪尔森和诺德豪斯定义外部性为："外部性是指那些生产或消费对其他团体强征了不可补偿的成本或给予了无需补偿的收益的情形。②"外部性可以分为正外部性和负外部性。在生态环境领域，正外部性是指某一行为主体的行为对生态环境有保护、恢复和改善作用，其他人享受了环境改善所带来的福利，却没有支付任何费用，比如，流域上游的居民为改善河流水质付出了很多努力和成本，下游的居民也享受了这种由于水质改善而带来的好处，却没有向上游的保护者支付一定的费用作为

---

① 国合会生态补偿机制课题组：《中国生态补偿机制与政策研究》，2006年第11期，第3页。
② 刘敏、刘春凤、胡中州：《旅游生态补偿：内涵探讨与科学问题》，《旅游学刊》2013年第2期，第52-59页。

补偿。负外部性则表现为某一行为主体的行为对生态资源环境造成了损失和危害，却没有为此承担相应的成本和代价，比如，工厂在生产的过程中排放了大量污染物，给生态环境和周围居民造成一定影响，产生一定社会成本，包括：政府治理污染的成本、对周围居民的身体健康造成的危害以及工厂生产造成自然资源的减少，而工厂却没有支付和承担这些相应费用。在这种情况下，外部性就导致了各利益相关方利益的失衡，从而需要实施生态补偿政策对各方利益进行调节。

英国经济学家庇古（Pigou）认为外部性是由市场失灵造成的，必须靠政府干预来解决，需要根据污染所造成的危害程度对排污者征税，即征收庇古税，以弥补排污者生产的私人成本和社会成本之间的差距[①]。而科斯认为产权不清是外部性问题的实质，科斯定理指出，如果存在明确的产权划分，在交易成本较小且参与人数较少的情况下，可以不通过政府干预，而是利用市场，经济行为主体之间进行协商交易，解决外部性问题。具有代表性的就是排污权等产权交易。在排污权交易过程中，因已达到允许排放量而丧失排污权的一方，必须付出一定的经济代价，通过购买的方式，向有多余排放量的一方购买排污权，这种排污权买入和卖出的金额，对于有多余排放量的卖方而言，是对他们减排行为进行鼓励的一定补偿，而对于排放量不足的买方而言则是环境污染付出的一定代价和惩罚，这样一来，产权明确的双方通过市场交易的方式便很好地解决了外部性问题。

此外，利用科斯定理解决外部性问题的前提是必须明确产权，即确定人们是否有利用自己的财产采取某种行动并造成相应后果的权利，而产权的经济功能在于克服外在性，降低社会成本，从而在制度上保证资源配置的有效性。如果居民区附近一工厂排放大量污染物，对附近居民

---

① 李碧洁、张松林、侯成成：《国内外生态补偿研究进展评述》，《世界农业》2013年第2期，第11-15页，第21页。

的生活、健康等都带来了不利影响。那么要解决这种负外部性而不通过税收等政府干预，政府只需明确产权。如果把"产权"界定给附近居民，那么居民便会要求工厂采取一定措施减少污染，并索取赔偿。如果政府把这种"产权"界定给工厂，那么为了减少污染对自己的不利影响，他们便会给工厂一定的经济补偿，使其减少生产，进而减少污染物的排放。这样在产权明确的基础上，无论产权如何规定，无论产权归属方是谁，都能达到最终目的，实现污染物减排，达到资源的最优配置。因此，在进行生态补偿时需要明确界定产权，进而能够根据产权归属确立生态补偿的主体与客体，通过市场交易达到社会总产品的最大化，优化社会资源配置。因此建立和完善产权制度，对于实施生态补偿，保护生态环境，实现可持续发展具有重大作用。

（二）公共物品理论

公共物品是与私人物品相对应的概念，其所有权为全体社会成员所有，是可以供全体社会成员共同享用的物品。纯粹的公共物品必须具备非竞争性和非排他性，因为对于公共物品而言，它是属于全体社会成员所共有的，并不为某一个人或企业所有。非竞争性就是指社会成员中某一个人对公共物品的消费并不会影响其他人同时消费该产品及其从中获得效用，即额外增加一个人消费该公共物品不会引起产品任何成本的增加；非排他性则是指社会成员中某一个人对公共物品的消费并不能排除（或者排除成本较高）其他人同时消费该产品并从中获得效用，即不可能阻止不付费者对公共物品的消费。公共物品的这两个特性意味着在社会经济生活中，会经常出现"搭便车"的问题，即每个消费者都不愿自己掏钱去购买物品，而都等着他人去购买而自己顺便享受权利。若社会上每个人都想着去"搭便车"，则容易造成公共物品的供给不足[①]。

---

① 俞海、任勇：《生态补偿的理论基础：一个分析性框架》，《城市环境与城市生态》2007年第2期，第28-31页。

除纯公共物品外，还存在介于公共物品和私人物品之间，具有非竞争性或非排他性的准公共物品。准公共物品又分为俱乐部物品和共同资源两类，俱乐部物品是在消费上具有非竞争性和排他性的物品，可以拒绝不付费者对资源的使用从而轻易做到排他，如高速公路、公共医疗等；共同资源是在消费上具有非排他性和竞争性的物品，常见的有公共渔场、牧场等，因为许多人都对其享有使用权而无法有效地排他。俱乐部物品常常会产生"拥挤"问题，共同资源则易导致"公地悲剧"。

顾名思义，共同资源多为共同所有，许多人对其拥有使用权，并且无法有效地排他，即不能阻止他人对共同资源的利用，因而往往会导致个人因为私利而倾向于过度使用，从而造成资源的枯竭，导致"公地悲剧"。之所以叫悲剧，是因为虽然每个当事人都知道资源的过度使用和开发将会最终导致资源枯竭和环境恶化，但是大家还是为了各自的眼前利益而忽视长远利益继续使用和开发，从而使事态加剧恶化。共同资源因产权难以界定而被竞争性地过度使用或侵占是必然的结果。

下图是对公共物品理论的一个简要概括。

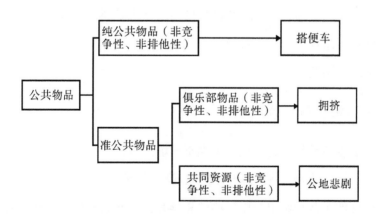

图 7-1　公共物品理论及其影响

自然资源、生态环境及其所提供的服务所具有的公共物品属性，决定其必然会面临供给不足、拥挤和过度使用的问题，而生态补偿则通过相关的制度，调整产品的供给，解决拥堵问题，限制资源的过度使用，对环境破坏者的行为进行约束，对生态环境的保护者进行激励，更好地保护生态环境。

（三）科学发展观和可持续发展战略

科学发展观于 2003 年首次被提出，2007 年十七大中被写入党章，后又于 2012 年十八大中被正式列入必须长期坚持的党的指导思想，其核心是以人为本，强调经济发展过程中必须注重环境，实现人与自然和谐发展。2006 年，政府曾发布《国务院关于落实科学发展观加强环境保护的决定》，该决定强调要用科学发展观统领环境保护工作，并且指出当前在经济发展中突出的环境问题以及环境现状，提出了切实解决突出的环境问题的一系列建议和指示[①]。

作为科学发展观的基本要求之一，可持续发展是一种注重长远发展的经济发展模式。它强调遵循公平性、持续性、共同性原则，要求人们在发展经济时必须考虑环境的代价，在满足当代人自身的需求时，必须考虑后代人的需求。这些思想理论对于建立和完善生态补偿制度都有着重要意义和指导作用，实施生态补偿的最终目的就是协调经济发展与生态环境的关系，保护生态环境，实现资源的持续开发和利用，实现可持续发展，和人与自然的协调发展。

三、国内外经验

目前生态补偿作为一项保护生态环境的有效机制受到了国内外越来越多人的关注，并开始将生态补偿的原理应用于生态保护之中。

国外的实践经验中，比较典型和具有代表性的有拉丁美洲哥斯达黎加的森林生态补偿制度。哥斯达黎加是世界上生物物种最丰富的国家之一，

[①] 《国务院关于落实科学发展观加强环境保护的决定》，《人民日报》2006 年第 2 期，第 15 页。

森林资源十分丰富，全国森林覆盖率达到 52%。经过几次修订和完善后于1996 年颁布的哥斯达黎加《森林法》对生态补偿各相关方面都做了十分详细的说明和规定。根据《森林法》，政府设立了一个专门负责管理和实施生态补偿的部门——国家森林基金。私有林地的所有者主要是生态服务的提供方，即补偿客体，一些私有企业、政府及社会组织是服务的支付方，即补偿主体，而国家森林基金也会对生态服务的提供方进行补偿以弥补支付方补偿资金的不足。在实施过程中，有意愿加入国家生态补偿制度中的私有林地所有者必须首先向国家森林基金提交申请，然后双方签订合同，包括森林保护合同、造林合同、森林管理合同、自筹资金植树合同四种合同类型，合同双方则必须履行各自义务，即林地所有者按合同规定履行森林保护、造林等义务，而国家森林基金则须按约定在合同期内支付一定的费用。在资金的筹集上，《森林法》也规定了多样化的资金来源，充分运用市场工具，拓宽了筹资渠道。此外，政府制定的《公共服务监管法》《生物多样性法》等法律条文中也都对生态补偿做了一定规定，为森林生态补偿的实施奠定了法律基础，形成了比较完善的森林生态补偿制度[1]。目前哥斯达黎加已建立和形成了比较完善的森林生态补偿制度和法律体系，这些制度在实践中得到了认证，取得了比较成功的经验，得到了国际上的公认。

美国在环境保护方面一直十分重视，采取了许多措施，并且在流域和矿产开发等方面的生态补偿进行了许多实践。1977 年，美国国会颁布了《露天采矿管理与复垦法》（SMCRA），作为第一部全国性的矿产资源生态法规，要求矿区采矿企业每采掘一吨煤，就要缴纳一定数量资金，构成土地复垦基金，用于老矿区土地的复垦和生态环境恢复。此外，美国政府也曾投入大量资金，建立致力于水土保持的生态补偿机制，即流域上游的政府、居民、企业等要致力于流域内的水土保持，为环境保护做贡献，而因此受

---

① 丁敏：《哥斯达黎加的森林生态补偿制度》，《世界环境》2007 年第 6 期，第 66–69 页。

益的下游政府、居民、企业等要对上游这些做出贡献的居民等进行补偿。

流域内跨区域共同致力于生态保护，并实行生态补偿的例子还有很多。欧洲的易北河全长1165公里，约1/3流经捷克，2/3流经德国，贯穿两国。为了改善河流水质，改良农业用水灌溉质量，两国在20世纪90年代通力合作，成立合作组织，投入大量财政资金，采取了一系列有力措施，向排污企业征收相关费用，并规定下游对上游进行生态补偿，进行生态付费。这些举措都有效地改善了河流水质和流域内生态环境，并且为国际间的生态补偿制度的建立和实施树立了典范。

对于国内而言，早前施行的征收排污费等费用就属于对生态补偿的一种探索，只是主要关注的对象是环境的破坏者，后来，人们开始将注意力更多地集中在生态环境的保护者身上，在西部地区退耕还林、还草的过程中，对农民所进行的补贴，就属于对环境的保护者所进行的补偿，取得了良好的效益。

2008年，作为我国非常重要而又十分脆弱的自然保护区——三江源地区①响应党和国家号召，根据党的十七大精神，调整现有的各类工程项目，建成全国第一个生态补偿机制试验区，为此后各地实施生态补偿积累了经验。

在流域生态补偿方面，全国首个跨省流域生态补偿机制试点2011年在新安江②启动。该项目由财政部和环保部牵头组织、每年安排补偿资金5亿元。各方约定，只要安徽出境水质达标，下游的浙江省每年补偿安徽1亿元。这一机制的实施，改善了新安江的水质，使得新安江江水变得更为清澈。这一试点的建立为全国跨流域生态补偿制度的建立积累了经验。

近年来，随着人们对生态环境和生态补偿的逐渐重视，许多地方政府都颁布了相关政策和法律条文，建立生态补偿制度，并且对其实施的具体细则

---

① 位于青海省南部，为长江、黄河、澜沧江的源头汇水区。
② 流经安徽、浙江两省。

进行规范。2015 年，福建省发布《福建省重点流域生态补偿办法》[1]，该《办法》适用于跨设区市的闽江、九龙江、敖江流域生态补偿，涉及流域范围内的 43 个市（含市辖区）、县及平潭综合实验区，对生态补偿实施过程中的资金筹集、发放标准、使用与监督等都做了详细规定，体现了地方政府对建立健全生态补偿制度的决心。

第二节　生态补偿基本框架

一、生态补偿的原则

（一）谁污染谁付费，谁破坏谁补偿

2013 年 11 月通过的《中共中央关于全面深化改革若干重大问题的决定》，指出要坚持使用资源付费和谁污染环境、谁破坏生态谁付费原则，推进生态补偿制度建设。首先对于那些对生态环境造成破坏和污染的主体而言，他们有责任和义务对被破坏和污染的环境进行治理和改善，承担相应费用，并且对那些因环境的破坏而受到影响的主体进行补偿。其次贯彻落实这一原则，也能够对那些破坏生态环境的行为起到一定的约束作用。目前很多地方政府在颁布的相关法律条文中，都提及要坚持这一原则，比如东营市今年开始实施的《东营市环境空气质量生态补偿暂行办法》，就明确表示将"谁保护、谁受益，谁污染、谁付费"的原则作为奖惩的依据，实施生态补偿机制。

（二）谁受益谁补偿

2007 年颁布的《关于开展生态补偿试点工作的指导意见》[2]明确指出，

---

[1]　福建省人民政府：福建省人民政府关于印发《福建省重点流域生态补偿办法》的通知，闽政〔2015〕4 号，2015 年第 2 期，第 9 页。
[2]　国家环境保护总局：《关于开展生态补偿试点工作的指导意见》，环发〔2007〕130 号，2007 年第 8 期，第 24 页。

生态保护的受益者有责任向生态保护者支付适当的补偿费用。自然资源的开发利用者，作为从自然环境中受益的主体，理应支付一定的费用，用于对生态环境的恢复和保护。在最常见的流域生态补偿中，上游水质的改善将会为下游地区带来许多效益，下游居民（或地方政府）因此而受益，那么同样下游居民（或地方政府）就有义务向作为保护者的上游居民（地方政府）支付补偿费用。

（三）谁保护谁受益

如果说前面两项原则是针对生态补偿的主体而言，那么"谁保护谁受益"原则则是针对补偿客体而言的一项原则。对于生态环境的保护者而言，他们付出了努力和代价，花费了许多成本，对生态环境进行恢复、保护与改善，而其他人也同样从这种改善中获益，如果对保护者不给予补偿，那么很容易出现上文所说的"搭便车"现象，从而造成供给不足。同样以流域内生态补偿为例，上游的主体为改善水质而花费了大量成本，那么他们理应得到补偿以弥补他们在改善环境中所造成的经济损失。此外，该原则也有利于激励人们的行为，鼓励人们保护生态环境。

上述这些原则，有利于调节不同主体之间的利益关系，调节人们的行为，同时也有利于建立地区间的横向生态补偿制度，拓宽补偿资金的筹集渠道。

二、生态补偿类型

生态补偿类型的划分是建立生态补偿机制以及制定相关政策的基础，而确定划分的标准和依据，又是对生态补偿进行分类的前提，标准的确立一般要有利于问题的分析研究与解决。生态补偿类型的按照不同标准，可以有很多不同的划分方法，而不同的划分方法又对政策制度的实施有很大影响。目前，国内外学术界对生态补偿类型的划分并没有统一标准，也尚未形成体系，不同学者根据不同标准和目的，对生态补偿有着不同的划分和表述。下面是对于生态补偿按照几种不同标准的具体划分。

（一）根据补偿的主体与客体划分

1.根据补偿主体划分

中国环境规划院根据提供补偿主体的不同,将生态补偿划分为国家补偿、资源型利益相关者补偿、自力补偿和社会补偿[①]。国家补偿即政府投入资金,通过财政手段进行补偿。资源型利益相关者补偿,主要是生态环境资源的开发使用者和破坏者提供补偿资金,对生态环境的保护者和受害者进行补偿。自力补偿在政府补偿资金不足,市场交易机制又尚未健全完善的情况下,对于补偿资金是一种有益的补充。如陕西省一些"治沙大户"成功地探索了如何种植沙生经济植物,既保护了环境,又取得了一定的经济效益,可以说是自力补偿的典范。很明显前三者都属于利益相关者补偿,政府、资源型利益相关者都有责任和义务提供补偿,具有强制性,而第四种社会补偿属于非利益关联者补偿,是人们的自发行为,不具有强制性,属于自愿补偿的范畴。

2.根据补偿客体划分

按补偿客体,可划分为对生态保护做出贡献者、在生态破坏中的受损者和减少生态破坏者给以补偿[②]。对为生态保护做出贡献者给以补偿,是因为森林、湖泊等生态环境资源,都具有公共物品的属性,通过资金补偿,能够更好地激发人们保护环境的热情,提高保护环境的积极性。其次,作为生态破坏中的受害者,也理应得到一定补偿,比如因湖泊周围工厂排污导致湖泊水质受影响,从而影响到的附近居民,理所当然应该接受补偿。对减少生态破坏者给以补偿,是因为在一些经济落后的贫困地区,人们往往不得不以牺牲环境为代价发展经济,只有从外部注入资金,对这些贫困地区予以资助的同时,鼓励人们减少对生态环境的破坏,并给这些人以一定的经济补偿,从

---

① 《中国生态补偿:概念、问题类型与政策路径选择》,《中国软科学》2008年第6期,第7-15页。

② 沈满洪、陆菁:《论生态保护补偿机制》,《浙江学刊》2004年第4期,第217-220页。

而鼓励更多的人参与进来，努力改善环境，警惕"贫穷污染"。因此，除贡献者和受损者外，也应重视对减少生态环境的破坏者的补偿。

（二）从条块角度划分

从条块角度，可划分为上游与下游之间的补偿，以及部门与部门、地区与地区之间的补偿。

上下游之间的生态补偿是指因为流域上游的水质将直接影响到下游地区的水质，上游对水资源生态环境的保护将直接影响下游水质环境，只有上游加大保护力度，做好水资源保护工作，才能保证下游的正常用水，因此下游地区应对上游地区为生态保护所做的努力和机会成本给予相应的补偿。上文中对于新安江流域的治理，以及福建省颁发的重点流域生态补偿的文件，都是流域内上下游之间补偿的实例。除此之外，关于上下游之间生态补偿的实例和法律条文有很多。例如，2014 年 4 月，贵州省政府颁布《赤水河流域水污染防治生态补偿暂行办法》，致力于在毕节、遵义两市之间建立流域横向补偿机制，不同于普通的下游补偿上游的做法，赤水河流域实施双向补偿，规定若上游毕节市出境水质达标，则由下游遵义市对毕节市进行补偿，反之若水质未达标，则由上游毕节市补偿下游遵义市，补偿资金统一缴入省级财政，进行科学分配。通过生态补偿机制，对上游出境水质做出一定规定，对于达到标准的上游地区，由经济比较发达的下游地区对其进行补偿，有利于鼓励上游加大保护力度，担负保护流域内水质的责任，保证下游正常用水，促进流域内生态环境的维护与改善。

部门与部门、地区与地区之间的补偿是指"直接受益者付费"补偿，如水利部门花费大量人力、物力、财力整治水污染，改善生态环境，而旅游部门受益于改善后的良好生态环境，产生了较好的旅游效益，那么旅游部门则应给水利部门以补贴。关于地区与地区之间的生态补偿，比较典型的有山东省为改善空气环境质量而实施的生态补偿。2014 年，山东省政府颁布了《山东省环境空气质量生态补偿暂行办法》[①]，按照"谁改善，谁补偿；谁恶化，谁付费"的原则，进行地区与地区之间的补偿。未能按要求改善空气质量的城市将要向省级财政缴纳一定的生态补偿资金，这样与省级财政用于生态补偿的拨款一起，构成山东省环境空气质量生态补偿资金，发放给那些环境空气质量得到改善且达标的城市。2014 年第二季度，山东省财政共计发放补偿资金 1500 万元，有 12 个市因空气质量的改善获得了补偿资金，而青岛等 5 个市则因空气质量恶化需要向省财政缴纳补偿资金。

（三）按照资金来源和流向划分

按照资金来源和流向，可以将生态补偿划分为纵向支付生态补偿和横向支付生态补偿。

纵向支付生态补偿即通过政府的转移支付实施生态补偿。由于生态环境资源的公共物品属性，以及生态问题的外部性、复杂性等因素，使得企业个人在许多领域无法很好地实施补偿，只能依靠政府建立生态补偿机制来实现，通常是由上级政府向下级政府发放补偿资金，建立补偿机制，这种通过政府来实现的纵向生态补偿制度目前较为普遍。以江苏省为例，2013 年江苏省出台《江苏省生态补偿转移支付暂行办法》，由省财政厅每年拨付一定资金给因坚守生态红线而发展受限地区，根据各市、县（市）生态红线区域的级别、面积、类型及财政能力等具体情况，科学发放补助资金。这样由江苏省政府筹集补偿资金，再分别发放给各县市各地区的生态补偿就属于纵向生态补偿。

横向支付生态补偿是指在政府的引导下实现生态保护者与生态受益者之间自愿协商的补偿，在关系密切的同级部门、地区而非上下级政府之间建立一种市场交换关系，实现部门或区域间资金的流转。上文中部门与部门、地区与地区之间，以及流域内的生态补偿都属于横向生态补偿。2014 年中山市

---

① 山东省人民政府办公厅：山东省人民政府办公厅关于印发《山东省环境空气质量生态补偿暂行办法》的通知，鲁政办字〔2014〕27 号，2014 年第 2 期，第 26 页。

发布《关于进一步完善生态补偿机制工作的实施意见》，采用纵横结合、统筹生态补偿的形式，各地区上缴一定资金至市财政，再由市财政进行统筹，将补偿资金分发到各地区，实现区域间横向转移支付。此外，建立水权、排污权等交易市场也属于横向支付的生态补偿。上述情况表明，政府提供补偿资金并不是筹集补偿资金的唯一途径，还可以利用市场等手段，让竞争机制在生态补偿政策的实施过程中发挥重要的作用。

（四）按补偿方式划分

按具体补偿的方式，可分为"输血型"和"造血型"补偿[①]。

"输血型"补偿是指通过资金补偿的方式，向补偿对象提供资助，即仅仅提供资金的转移支付。不可否认，这种直接提供资金进行补偿的"输血型"生态补偿机制，激励了人们的行为，对促进生态环境的保护与改善起到了重要作用。但是，这种"输血型"生态补偿机制无法从根本上解决发展权补偿的问题，因为它无法解决生态保护和建设投入上自我积累、自我发展的问题，不能从机制上、根本上帮助受补偿方真正做到"因保护生态资源而富"。目前，很多欠发达地区生态环境保护和建设工作都取决于直接获得的补偿资金，一旦补偿资金停止或减少，一些建设和保护活动也会随之停止，这种"输血型"的生态补偿机制缺乏生态环境保护和建设的内生原动力和支撑力，目前应用十分普遍，缺乏"造血"功能。因此，建立"造血型"的生态补偿机制作为对现有生态补偿机制的完善和补充，十分必要。

人们常说"授人以鱼不如授人以渔"，如果此处"输血型"补偿是"鱼"，那么"造血型"补偿则是"渔"，与仅仅依靠资金支持、可以解一时之饥的"输血型"补偿不同，"造血型"补偿将资金更多地转换为发展机会或技术支持，从而帮助补偿客体建立和发展替代产业和无污染产业，从而在发展权上对其给予一定补偿，使其从根本上得到长久的发展，形成一种自我发展机制。

---

① 沈满洪、陆菁：《论生态保护补偿机制》，《浙江学刊》2004年第4期，第217–220页。

浙江省金华市为了对上游的磐安县进行补偿，在开发区内划出一块区域，用以给磐安县进行经济开发，这种补偿方式不仅加强了对上游重要生态功能区的保护，保证了河流水质，更为磐安县提供了大量的就业岗位，增加了县财政收入，带动了贫困地区致富，相比资金补偿更有利于磐安县经济的持久发展，解决了贫困地区经济发展与环境保护二者之间的矛盾，实现脱贫致富[①]。

（五）从区域角度划分

从区域角度划分，生态补偿问题首先可分为国际和国内生态补偿两大类。国际补偿问题包括全球森林和生物多样性保护、污染转移（产业、产品和污染物）和跨界水体等引发的生态补偿问题[②]。下面主要对国内生态补偿的划分进行详细说明。国内生态补偿问题主要可分为三类：

1. 重点生态功能区和自然保护区生态补偿

重点生态功能区一般是具有水源涵养、水土保持、防风固沙、维护生物多样性等重要生态功能，需要进行重点保护和限制开发的区域，包括江河源头区、重要水源涵养区、水土保持的重点预防保护区和重点监督区、防风固沙区以及其他一些具有重要生态功能的区域，如三江源草原草甸湿地生态系统功能区。这些生态功能区大多位于山区、草原、森林等特定区域，生态战略地位显著，但是它们中大部分经济普遍落后，要发展经济常常不可避免地会以环境为代价，从而导致发展地方经济和保护生态环境的突出矛盾。对这些区域提供适当生态补偿，有利于这些生态脆弱区环境的改善。近年来，国家对这些区域的环境问题以及保护环境和发展地方经济的矛盾越来越重视，2013 年由环保部、财政部和发改委联合颁发的文件《关于加强国家重点生

---

① 《浙江金华"造血型"生态补偿实现扶贫与环保兼得》，新华社，2010 年 5 月 18 日。
② 俞海、任勇：《中国生态补偿：概念、问题类型与政策路径选择》，《中国软科学》2008 年第 6 期，第 7–15 页。

态功能区环境保护和管理的意见》[①]，对国家重点生态区环境保护的要求、任务等做了一系列规定，并且提出要在这些地方建立健全生态补偿机制，出台相应法律法规，加大中央财政支持力度，制定相关实施细则，推进生态文明建设。除中央外，有些地方政府也对生态功能区开展了生态补偿的尝试，例如，广东省安排专项财政资金，支持 26 个纳入省级重点生态功能区的县开展生态修复和改善民生。

自然保护区是依法划定一定面积予以特殊保护和管理的区域，这块区域一般是有代表性的自然生态系统、珍稀濒危野生动植物物种的天然集中分布、有特殊意义的自然遗迹等保护对象所在的区域。自然保护区的建立往往伴随着对周边附近工厂、居民生产经营活动的限制，因而也往往需要对这些主体实施补偿政策。以武汉市为例，位于武汉市蔡甸区的沉湖湿地，因为保护区的建设和对工厂生产经营活动的限制，对湿地周边工厂企业造成了许多损失，尤以武汉龙雁湖生态养殖公司损失最为惨重，该公司在沉湖湿地经营水面 2800 多亩、旱地 2000 多亩，而对沉湖湿地自然保护区的建设和保护，使得湿地环境大为改善，野生鸟类也越来越多，对这些鸟类对该公司的生态养殖造成严重威胁，生产经营受到严重影响，年均损失在 10% 左右，严重时达到 20%。针对该公司类似的情况，武汉市规定市、区两级财政每年出资 100 万元，对全市 5 个湿地自然保护区内，因湿地保护需要，生产经营活动受到显示或遭受损失的主体进行补偿[②]。除武汉市外，很多地方政府也针对自然保护区的保护和因此而造成的损失进行了生态补偿。例如，江苏省对国家级和省级自然保护区、森林公园、重要湿地、水源涵养地所在市、县给予生态转移支付；江西省自 2011 年起每年安排 1000 万元专项资金，设立省级自然保护区奖励制度。

---

① 环境保护部、发展改革委、财政部：《关于加强国家重点生态功能区环境保护和管理的意见》，环发〔2013〕16 号，2013 年第 1 期，第 22 页。

② 《武汉首创湿地生态补偿政策》，《湖北日报》，2013 年第 12 期，第 9 页。

2. 流域生态补偿

这类问题可以细分为 3 个小类。一是跨区域地方性河流流域的生态补偿问题。这种流域生态补偿通常是涉及上下游两个省份，或者两个不同的行政区域，例如，跨陕西湖北的汉江流域，这种地方性流域及一个行政区域内的小流域，相对于长江黄河等大江大河流域而言流域很小，上下游之间很好协调，补偿对象也很明确，因而补偿问题并不复杂。这类生态补偿在上文中已做了许多阐述，在此就不再赘述。二是全国性江河流域的生态补偿问题。这种全国性的江河流域主要是指长江、黄河这种流经多个省份，具有全局性影响的大江大河流域。与上文中只跨两省的通常只需下游省份提供生态补偿给上游省份的东江等河流流域不同，这些全国性江河流域因流经多个省份，涉及主体众多，受益和保护地区界定困难，生态补偿对象难以明确，因而生态补偿问题非常复杂。三是城市饮用水源保护地的生态补偿问题。北京与河北水源地间的水资源保护协作就属于这类对水源地和饮水地之间的生态补偿，由于这类补偿仅仅涉及保护区和饮水区两个利益主体，补偿对象十分明确，因而补偿问题相对不如全国性江河流域问题复杂。但是对水源地的生态补偿涉及饮用水安全，因而十分重要。

3. 生态资源要素补偿

与按照不同的区域来划分补偿类型不同，此类问题则将生态系统的组成要素作为划分的标准来进行分类，如矿产资源开发、旅游资源开发土地资源开发生态补偿等。

矿产资源开发在为地区经济发展建设做出巨大贡献的同时，往往也会对生态环境造成危害，在开发过程中，易造成地面沉降、水土流失、空气污染等不良后果。因而落实矿山环境治理和生态恢复责任，依据"污染者付费、利用者补偿、开发者保护、破坏者恢复"原则建立生态环境税费制度，就成为矿区生态补偿的重要手段。为了防止矿产资源的过度开发从而对生态环境造成破坏，我国从 20 世纪 80 年代中期开始针对矿产开发征收矿产资源税，后又征收矿产资源补偿费，对资源开采进行限制、规范，促进合理开采和利用。1994 年颁布实施的《中华人民共和国矿产资源法实施细则》[①]（下文简称《细则》）明确规定采矿人应履行依法缴纳资源税和矿产资源补偿费的义务；此外，探矿权人取得临时使用土地权后，在勘查过程中对耕地、牧区草场、农作物、经济作物等他人造成财产损害的，都要按照一定标准给予补偿。《细则》要求采矿人在采矿的同时，也必须做好水土保持、土地复垦等工作，不能只顾一己私利和眼前利益，大肆开采，破坏生态环境，《细则》明确规定实行矿山开发押金制度，向开矿企业预先收取保证金，对于未能按规定履行上述环境保护要求的企业，其押金将不予返还，交由有关部门，用于环境的恢复和治理。这些政策规定，都符合矿产资源开发生态补偿机制的内涵。煤炭资源丰富的山西省从 2006 年起就开始成为生态环境恢复补偿试点，对所有煤炭企业征收煤炭可持续发展基金、矿山环境治理恢复保证金和转产发展资金。

旅游风景开发区大多以自然资源环境为依托，挖掘自然景观，吸引游客观赏，同时建立配套娱乐休闲设施，以为游客提供更好的服务。在开发旅游资源、修建配套娱乐设施的同时，也会给当地居民的生产、生活带来影响，因而需要为那些因设立、保护旅游风景区而受到影响的单位和个人提供一定补偿，以弥补他们的损失。苏州市 2009 年出台《苏州市风景名胜区条例》，要求建立风景名胜区生态补偿机制，设立补偿资金，用于对因景区的建立保护而受影响的主体的补偿，促进景区所在地调整产业结构，进行生态保护和修复。苏州市建立生态补偿机制，通过财政转移支付制度补偿当地人民对景区生态维护做出的贡献，有利于生态资源环境的可持续发展，实现经济发展与保护环境的协调统一。

---

① 1994 年 3 月 26 日国务院令第 152 号发布。

三、生态补偿主体与客体

（一）补偿主体

很多国家在相关的农业、林业、自然资源开发等与生态环境密切的相关法律或涉及生态补偿的合同中，都对生态补偿的主体做了相关规定和说明。按照"谁污染谁付费，谁破坏谁补偿，谁受益谁补偿"的原则，生态补偿主体主要是生态环境的污染及破坏者，生态资源的开发使用者和受益者。但是具体从构成上看，生态补偿主体主要包括国家、政府行政机关、企业法人以及个人，下面将对几类主要补偿主体进行分析说明。

1. 政府

从上文许多法律条文和案例中，都可以看出，政府是最常见也是最主要的补偿主体。就国外而言，德国颁布的《联邦矿山法》规定，在老矿区，由联邦政府成立复垦公司，补偿资金由联邦政府、州政府按比例分担。哥斯达黎加的森林生态补偿制度，也是由国家森林基金筹集资金，与私有林地主签订合同，对按合同规定履行相关保护义务的林地主进行补偿。而从国内方面来看，很多相关的法律文件中都规定由政府出资进行生态补偿。例如，我国《森林法》就规定由政府设立补偿基金，用于防护林和具有其他特殊用途的森林资源的保护管理；《水污染防治法》[①]也明确规定通过政府财政转移支付的方式，建立对江河湖泊等相关区域的水环境生态保护补偿机制。除此之外，我国《防沙治沙法》《农业法》《草原法》以及《自然保护区条例》《退耕还林条例》等法律法规中，都有类似规定，由此可见，政府的确是生态补偿中最主要的主体。

2. 企业法人

政府为主体的生态补偿机制虽然应用较为普遍，但因真正实施生态保护的地区和个人往往会支付巨大成本，并且牺牲发展地区和个人的利益，因而

---

① 2008 年 2 月 28 日第十届全国人民代表大会常务委员会第三十二次会议修订。

往往得不到足够的补偿。因此就需要建立市场机制，通过对环境造成损害的排污企业或者是从生态资源环境中获益的企业法人等进行征税、征收排污费等方式，来获取一定的补偿资金，用以弥补政府补偿的不足，同时调节补偿主体的行为。德国《联邦矿山法》就曾规定，在新矿区，矿区业主需提出补偿和复垦具体措施，预留生态补偿和复垦专项资金（3% 利润），对占用的森林和草地进行恢复。

3. 社会组织及个人

除上述两种补偿主体外，还存在第三种补偿主体，即社会组织和个人，一般通过捐赠等方式促进生态补偿机制的建立和完善。比较典型的案例有美国德尔塔水禽协会承包沼泽地计划。德尔塔水禽协会作为一个私人性质的非营利性组织，原本并没有提供生态补偿资金和进行生态补偿的义务，但是为了保护北美野鸭和他们的自然栖息地，该协会于 1991 年开始了一项创新计划——承包沼泽地。具体做法是将沼泽地分为若干块，由动物爱好者和环保人士提供资金进行承包，再由该水禽协会进行管理[1]。这种向社会筹集资金的做法，是对生态补偿资金筹集的一个创新，并取得了良好的效益。国内方面，云南大山包黑颈鹤国家级自然保护区早在几年前就开始接受社会捐赠，并且出台了关于接受捐赠的相关管理办法，即《云南大山包黑颈鹤国家级自然保护区接受社会捐赠的管理办法》，通过这种形式，能够缓解补偿资金紧张的局面，另一方面，也可以在社会大众中形成良好的宣传教育作用。

（二）补偿客体

生态补偿的客体指生态补偿的对象。主要包括生态环境建设的贡献者以及利益受损的受害者，简言之，就是保护者和受害者。对于保护者而言，对生态环境进行恢复、保护和改善，必然会付出一定的成本和牺牲，而整个生态环境系统的改善，也同样会使他人受益，因此这些付出成本的保护者，理

---

[1]　赵彦泰：《美国的生态补偿制度》，中国海洋大学，2010 年。

应受到其他获益者的补偿。另一方面，由于生态系统直接影响人类和其他动植物的生存发展，因此，那些因他人的行为活动对环境造成损害，进而受到影响的受害者也理应获得他人的赔偿。

四、生态补偿的方式

按照资源配置方式，生态补偿可以分为资金、政策、项目、实物、智力补偿五类[1]，下文将据此进行分析。

1. 资金补偿

资金补偿作为最直接的补偿方式，也无疑是最主要、最容易接受的补偿方式。在资金补偿的实施过程中，其资金来源可以由政府的财政投入、向开发资源污染环境的主体征收的费用和一定的社会捐助构成，主要可以通过征收渔业、矿产、滩涂等资源补偿费、收取押金、进行罚款等方式获取补偿资金。此外，除财政上的补贴外，对补偿区域实行税收减免、优惠信贷等政策也属于资金补偿。以对新安江流域的治理为例，根据《新安江生态补偿机制试点方案》，政府设置补偿基金，每年由中央提供3亿元，安徽、浙江两省各出资1亿元，其中中央财政拨款的3亿元全部补偿给流域上游的安徽省，若安徽省出境水质达标，则由浙江补偿给安徽1亿元，反之若不达标，则由安徽拨付1亿元给浙江。这些资金则为最直接也是最主要的政府提供的资金补偿。此外，上文中提到的许多补偿，也大都为资金补偿。如通过社会捐助形式进行补偿的美国德尔塔水禽协会，也属于资金补偿。

2. 政策补偿

政策补偿主要是在法律框架内，制定补偿政策，充分考虑补偿区域和主体的具体情况，通过提供发展机会等方式，给予一定的优待措施，从而给生

---

① 杨新荣：《湿地生态补偿及其运行机制研究——以洞庭湖区为例》，《农业技术经》，2014年第2期，第103–113页。

态环境的保护者和利益受损者以一定经济补偿①。政策补偿通常采用自上而下，即由中央政府到地方政府的方式施行。

3. 项目补偿

当退田还湖、限制养殖等使得当地农民收入下降，甚至沦为失业者时，作为生态补偿主体的政府除了直接提供资金补偿外，还应适当引进对补偿区具有一定产业替代的投资开发者前来投资办厂，特别是引进一些环境污染小的劳动密集型企业项目，以吸收劳动力解决当地居民就业问题，同时又对湖区生态环境不构成较大威胁。比如政府可以引入项目投资者，依托湖区的优美环境，开发度假村、休闲农庄等，集娱乐、休闲、生态旅游于一体，既能解决湖区居民就业问题，增加居民收入，促进地方经济发展，又能进一步促进湖区周围生态环境的保护，改善生态环境，取得良好的生态效益与经济效益。以湖北大冶为例，矿产资源十分丰富的大冶市为改善生态环境，2013 年彻底取缔和关停拆除了大量企业，其中停产整治 95 家，关停拆除 217 家②。随后为了解决就业问题，并探索经济发展的新道路，该市又出台了生态产业政策和招商引资政策，分类制订出台优惠条件，在企业用地、信贷担保等方面给予支持，吸引生态企业落户，同时设立 5 亿元生态产业发展引导专项资金，用于推进生态立市、生态文明建设和资源枯竭型城市绿色转型。

4. 实物补偿

实物补偿通常是通过直接提供基本生活物资，或者进行劳动力帮扶的方式来实现的，有利于改善补偿区域居民的生活状况，保障基本生活供给。1998 年，鄱阳湖和洞庭湖补偿区就是按照一定的标准，在施行资金补助的同时，也发放大米进行补助，收到了良好的社会反响。此外，上文中提及接受社会捐赠的云南省大山包黑颈鹤国家级自然保护区，也接受实物捐赠，

---

① 其在形式上是政策补偿，其实质仍然属于资金补偿。
② 2014 年 2 月 18 日大冶市第五届人民代表大会第四次会议，政府工作报告。

捐赠者可以向保护区捐赠各种保护设施、科研检测设备、实验器材等基础设施，通过这种捐赠实物的方式，向保护区提供实物补偿。

5. 智力补偿

如果说前几项补偿大多属于"输血型"生态补偿的话，那么智力补偿则是通过智力成果转化，为生态红线区域良好的生态环境和生态文明建设提供的"造血型"生态补偿形式。通过增加补偿区域教育培训经费，对红线区域生产者的生产技能、生态环境知识、就业水平进行培训，在知识水平、专业技能、素质形成上进行补偿，由于这种补偿相对于其他补偿方式而言，具有一定的内在性和隐含性，其补偿效果不如其他补偿那样立竿见影，所以在具体实施过程中，智力补偿往往不为人们所理解和重视，但它却是促进生态红线区域人口、资源与环境可持续发展的长久之计。因此，补偿主体应通过对补偿客体提供无偿的生产技术咨询，生态环保知识和生产技能培训以提高接受补偿者的环境保护意识，生产技能和管理水平。这种补偿方式在短期内效果可能不太明显，但是却有利于从根本上提高人们的环保意识，提升人们的专业技能和素质，弥补其他补偿方式的不足，加强其他补偿方式的效果，因此，该补偿方式具有不可替代的作用。

五、生态补偿标准

生态补偿标准的确立需要考虑多种因素，坚持科学、公平、合理的原则。下面将对补偿标准的几种确立方式进行分析。

1. 根据成本确定补偿标准

成本是生态补偿项目中损失者所做出的牺牲和付出的代价，是生态补偿主体协商谈判的依据，同时也是制定生态补偿标准的基础。生态补偿成本基本可以划分为直接成本和机会成本两类，并不是所有的生态补偿项目都包含这两类成本，这取决于具体的项目情况。

直接成本，包括直接投入和直接损失[①]。直接投入是为保护、修复生态环境而投入的人力、物力和财力。比如为保护湖泊生态环境，对湖泊生态红线区域的日常管理所需的人力、物力、财力等都属于直接成本。直接损失是在保护环境过程中，为了防止环境进一步恶化，对附近工厂或居民的生产经营活动予以限制而给他们造成的经济损失，比如为保护生态环境而强行关闭的污染企业，限制湖区居民进行养殖等活动，都会对他们造成直接的经济损失。以南水北调工程为例，作为南水北调中线水源地的十堰，为保护水源，出台了《环境保护"一票否决"制度实施办法》，依据该办法，十堰市采取了多项措施，从 2004 年至 2014 年的 10 年间共关停 300 多家企业，其中包括拥有 1000 多名职工的郧县造纸厂，除关停企业外，还迁建了 125 家企业。同时，拒批了 160 个可能有污染的项目。此外，受丹江口水库水位抬升的影响，该市共计淹没 55.2 万亩土地，占库区总淹没面积的 57.7%。关闭 106 家黄姜加工企业，姜农 72 万人减收、绝收。同时，大批渔民歇业，水电发电产业锐减。每年支出的生态保护和水污染防治费用达到 15 亿元。据十堰方面 2014 年估算，其直接经济损失总计达 145 亿元，超过上年度全部财政收入[②]。

机会成本是由资源选择不同用途而产生的，指为了得到某种东西而要放弃另一些东西的最大价值，也可以理解为在面临多方案择一决策时，被舍弃的选项中的最高价值者是本次决策的机会成本。比如退耕还林项目中，原来种植农作物的山地、坡地用于植树种草，农民原来种植农作物所得的经济收入便是机会成本；或者为保护护坡湿地，禁止渔民养殖珍珠，限制养殖，由此而造成的经济损失都是机会成本。机会成本是各国制定生态补偿政策要着重考虑的因素。比如美国在 20 世纪 30 年代，实行的保护性休耕计划，80 年代实施的相当于荒漠化防治计划的"保护性储备计划"，纽

---

① 谭秋成:《关于生态补偿标准和机制》,《中国人口、资源与环境》2009 年第 6 期, 第 1-6 页。
② 《南水北调水源地生态损失近 300 亿:恐难彻底补偿》,《南方都市报》2014 年 12 月 8 日。

约州为恢复森林植被颁布的《休依特法案》等多种法律法规中，都有一项重要内容，即政府为计划实施的成本和由此对当地居民造成的机会成本的损失提供补贴赔偿[①]。

2. 根据所取得的生态环境效益确定补偿标准

除成本外，还可以生态环境保护行为所取得的生态效益为依据，确定补偿标准。与仅仅依据成本确定标准相比，这种方法更具激励作用。比较典型的案例有山东省为改善空气质量所施行的措施。山东省近期出台《山东省环境空气质量生态补偿暂行办法》[②]，确立了空气质量的相关考核指标，建立考核奖惩和生态补偿机制。在补偿金计算上，按照各地市对全省空气质量改善的贡献大小核算各市补偿资金，补偿资金获得的多少完全与空气质量改善度挂钩，各地市空气质量同比改善的绝对量越多，对全省空气改善的贡献率越大，获得的补偿金就越多。这种生态补偿资金直接与生态环境改善挂钩的做法，能够很好地激励作为生态补偿的客体的有关部门和人员，更好地履行相关的责任和义务，保护生态环境。

3. 根据市场机制确定补偿标准，并依据情况适时调整

由于市场机制在生态补偿政策实施过程中起着关键作用，在促进生态补偿与生态保护的关系中发挥着积极作用，因此，在生态补偿中以市场机制为基础，确立补偿标准，同时依据市场情况，适时调整，保持补偿的动态性，这种确定补偿标准的做法具有很广阔的应用前景。目前实行的市场机制有通过建立碳交易、排污权交易等交易市场进行生态系统服务补偿，以及从游客费、旅游交易收入以及管理或项目费中提取补偿费用。比如《昆明市轿子雪山保护和管理条例（修订）》第三十六条规定："凡依托

---

① 中国环境与发展国际合作委员会，国合会生态补偿课题组，中国生态补偿机制与政策研究，www.china.com.cn/tech/wyh/2008–01/11/content _9518546.htm，2006 年 11 月 13 日。

② 山东省人民政府办公厅：《山东省人民政府办公厅关于修改山东省环境空气质量生态补偿暂行办法的通知》，鲁政办字〔 2015 〕44 号。

保护区景观资源开展旅游活动的单位和个人，应当从经营收入中提取不低于 20% 的生态补偿费用上缴同级财政专项用于自然保护区的建设、管理和发展。"旅游部门作为生态环境改善的受益者，理应支付一定的补偿资金，支持环境保护建设，这样坚持了"谁受益谁补偿"的原则，有利于维护公平，而且也能够弥补补偿资金的不足。

4. 调查研究生态补偿区域居民的受偿意愿确立补偿标准，即通过意愿调查法确立标准。

意愿调查法是采取调查问卷等形式，直接了解人们对于市场难以衡量的相关物品或服务的期望价值。通过调查，了解当地居民因生态红线划定和保护治理而遭受的损失，了解他们的想法和意愿，确立补偿标准，帮助他们找到新的收入途径，寻找解决方案。中山市是广东省首个实行生态补偿政策，建立补偿机制的城市，在生态补偿的开展过程中，环保部门对社会公众和镇区政府进行了问卷调查，从而分别得出镇区政府和社会公众对于农田和生态公益林的补偿意愿均值[①]。通过这种方法能够很好地了解各补偿利益相关方的意愿，从而能够更为科学地制定补偿标准，更好地协调各方利益。

六、生态补偿资金来源

资金筹集也是实施生态补偿的一项重要内容，只有筹集足够的资金，才能较好地进行补偿工作，保护和改善生态环境，下文将对生态补偿资金的筹集方式进行分析。

（一）各级财政生态专项补偿资金

财政专项补偿资金主要是由上级政府支持下级政府的方式进行分配，目前最普遍的是国家财政专项补偿，但事实上，这种补偿方式和资金来源形式较为单一，应逐步将国家财政补偿与区域及部门内的补偿方式相结合，

---

① 《中山市环保局完善生态补偿机制》，广东省环境保护厅，2014 年 9 月 28 日。

并且综合运用减免税费、以奖代补等多种形式，鼓励更多的人参与环保中来，以更好地达到补偿效果。

以江西省为例，自 2009 年起，江西开始实施重点生态功能区转移支付，2012 年，安排中央补助资金 9.16 亿元，用于对纳入重点生态功能区的县（市、区）进行环境保护和民生改善。此外，从 2011 年起，江西省财政每年出资 1000 万元设立省级自然保护区专项资金，对保护区环境保护实施奖励。[①]这种政府财政支持的补偿方式目前仍是最主要的补偿方式，运用非常广泛。

（二）生态补偿费与生态补偿税

生态补偿费和税主要是由环保主管部门向对生态环境造成破坏的项目开发建设者所征收的，包括矿产、旅游、土地等多种开发项目，可以采取按投资总额、使用者付费、抵押金等多种方式进行征收，并将所征收的相关税、费用于环境的整治和恢复。通过征收生态补偿费和生态补偿税，并将它们纳入生态补偿基金，作为补偿资金的一个重要稳定来源，是对政府财政生态专项补偿资金的一个补充，对于拓宽资金来源渠道具有重要意义。

近年来国家在这方面也越来越重视，财政部经济建设司副司长孙志今年 5 月表示，为更好支持生态文明建设，财政部将进一步突出财政资金支持重点，完善税收政策体系，积极推进环境保护费改税，并进一步扩大资源税从价计征的范围，完善有利于资源节约、生态环境保护的税收政策体系。

（三）生态补偿保证金

生态补偿保证金就是在预见到相关企业和个人的项目开发等活动将会对生态环境造成危害时，在项目开展之前，先对这些企业和个人征收一定的保证金，若开发建设活动完成后，这些主体并没有按照有关部门要求，对生态环境采取相关治理恢复措施，那么他们所缴纳的保证金将会被用于第三方，进行生态环境的恢复与保护。

---

① 《江西生态补偿机制建设迈出新步伐》，《经济日报》2013 年 9 月 25 日。

这种保证金制度，在矿产开发等领域运用十分广泛。从国际上看，早在 1977 年，美国的《露天矿矿区土地管理及复垦条例》就规定矿区开采实行复垦抵押金制度，未能完成复垦的企业，押金将不予返还，交由第三方，用于土地复垦[①]。国内除矿产开发领域外，一些地区还将保证金制度用于水环境的保护治理等其他方面，2014 年出台的《南通市水环境区域生态补偿暂行办法》就规定，各地方下级政府向市财政缴纳水环境区域补偿保证金，每条河流暂定 200 万元，以督促各地区履行职责。这种形式的生态保证金制度可尝试在其他行业和部门逐步推广。

（四）优惠信贷

优惠信贷是以低息贷款的方式向致力于生态环境保护的主体提供一定的资金援助，以缓解其资金紧张问题，使其能有效利用资金，提高行为的生态效率，同时也以此鼓励更多的人参与到环保事业中来，为环保事业贡献自己的一份力量[②]。在我国，中国农业发展银行和国家开发银行，作为我国主要的政策性银行，要发挥区域融资功能，实施优惠信贷，为生态补偿机制的构建提供资金支持，为我国生态保护事业尽力。我国有些地区也对这种方式进行了尝试，安徽省银行业截至 2014 年 10 月末，共向新安江试点区域及发放贷款 94.71 亿元，用于河道整治和经济园区、安置房建设等一系列主体和配套工程项目。其中，单笔最大贷款为国家开发银行组建的银团贷款，专项用于新安江流域综合治理二期工程（区县项目）建设，贷款总额 36.5 亿元，期限 15 年，贷款利率按同期基准利率执行。

（五）生态补偿交易市场

建立生态补偿交易市场，比如排污权交易市场、水权交易市场、碳排放交易市场等，允许这些权利像商品一样被买进卖出，从而达到控制和减

---

① 王学军：《大力推进生态文明建设，实现绿色循环低碳发展》，《十二届全国人大常委会专题讲座第六讲》2013 年 9 月 27 日。
② 蔡邦成、温林泉、陆根法：《生态补偿机制建立的理论思考》，《生态经济》2005 年第 1 期，第 47–50 页。

少污染物排放，节约资源，保护环境的目的。

这种交易市场的建立从国际上看，已有多年历史。以碳交易为例，1992 年，通过艰难谈判，联合国总部通过了《联合国气候变化框架公约》（下简称《公约》），这是第一个为全面控制和减少二氧化碳等温室气体排放以应对全球气候变暖的国际性公约，旨在对温室气体的排放进行控制。其后又于 1997 年通过《京都议定书》，规定需要履行更多减排责任和义务的发达国家之间，可以进行二氧化碳等温室气体的"排放权交易"，利用市场机制，达到减少温室气体排放，保护环境的目的。

国内方面来看，2011 年 10 月发改委印发《关于开展碳排放权交易试点工作的通知》，批准北京、上海、天津、重庆、湖北、广东和深圳等七省市开展碳交易试点工作[①]。2013 年 12 月，除湖北和重庆外的其他五个省市均先后启动了地方碳交易，2014 年中旬，湖北和重庆也正式启动。各试点省市相继出台了一系列法律法规，确立总量目标和控制范围，各地试点工作逐渐开展起来，形成日渐活跃的碳交易市场，为建立全国统一的碳交易市场奠定了基础。

除碳交易外，排污权交易也在各地逐步开展起来。近来，河北印发《关于进一步推进排污权有偿使用和交易试点工作的实施意见》，规定要合理分配排污权指标，实行排污权有偿使用，先在钢铁、水泥、电力、玻璃四个重点行业进行推广和探索，随后在所有行业全面推行，建立排污权交易机制，实现排污权的有偿使用，促进节能减排。除河北外，其他地区如浙江、贵州等地也都开始逐步建立和推行排污权交易制度。

（六）社会资金

建立生态补偿捐助机构，接受来自社会的各种捐赠是补偿资金的另一来源。金融机构、民间组织、环保社团及公民个人等，均可以通过物质性

---

① 中华人民共和国国家发展和改革委员会：《国家发展改革委办公厅关于开展碳排放交易试点工作的通知》，发改办气候〔2011〕2601 号。

捐助等为生态补偿基金"输血"，多方吸纳社会资金，不断拓展资金来源渠道，形成多元化的融资机制。另外，还也可通过发行生态补偿福利彩票的方式筹集社会资金。这样不仅能缓解补偿资金紧张的局面，改善生态环境，使得资金取之于民，用之于民，而且能够在人民群众中形成宣传作用，提高大家的生态环境保护意识，多方位进行资金筹措。

广西 2013 年建立西岭山自治区级自然保护区生态补偿基金，每年除了政府财政资金投入外，同时发起保护生态环境和"生命之源"公益活动，接收社会各界捐助，以用于扶持解决西岭山保护区群众发展生产和生活补助，取得了良好的效益。

在很多情况下，生态补偿资金仅仅靠政府资金投入和各种排污单位所交费用是远远不够的，上述资金筹集方式应综合利用，因地制宜，需要发挥多种补偿机制的优势综合进行。

下图为生态补偿整体基本框架。

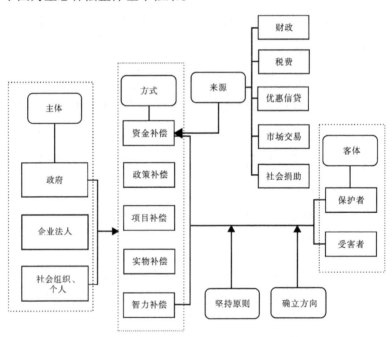

图 7-2　生态补偿的基本框架

第三节　武汉市构建湖泊生态红线区域生态补偿机制的现实基础与主要问题

一、现实基础

（一）湖北省及武汉市经济的发展有利于突破生态补偿的资金瓶颈

根据湖北省统计局消息，2014 年湖北经济运行良好，全省地区生产总值（GDP）27 367.04 亿元，环比增长 9.7%，高于全国平均水平 2.3 个百分点，主要经济指标增幅也高于全国，经济发展呈现"稳中有进"的良好态势。而据武汉市统计局公布，初步核算 2014 年武汉 GDP 达到 10 069.48 亿元，环比增长 9.7%，GDP 总量首次突破万亿元，跻身全国第八，在 15 个副省级城市中赶超成都，跃居第三，仅次于广州和深圳，实现了历史性跨越。

湖北省及武汉市经济的不断发展，经济实力的不断增强，对于建立湖泊生态红线区域生态补偿机制，发展生态环境保护事业无疑是一个有力支撑。政府因此可以投入更多资金治理湖泊水污染，整治生态环境，发展环境保护事业，同时也有利于缓解生态补偿资金紧张的局面。今年三月，省环保厅发布文件，预计 2015 年对下转移支付资金预计共 18 758.00 万元，其中：全省环境能力建设资金 12 758.00 万元，排污费安排的省级环保专项资金 6000 万元①。

（二）武汉市生态补偿实践为湖泊生态红线补偿机制的建立积累了经验

近年来，武汉市为保护生态环境，也发布了许多法律条文，进行了许多尝试和实践。2013 年 9 月，武汉在全国第一个推出"湿地生态补偿机制"，

---

① 湖北省环保厅：《湖北省环保厅 2015 年部门预算》，2015 年 3 月 9 日。

改堵、控为疏、导，用激励机制引导农民调整种植和养殖方式。每个农民都跟政府签协议，除了不打鸟外，种田不过度使用化肥农药，养鱼也不过分投肥、投饵，政府对他们因此损失的那一部分进行补偿。政府划建了蔡甸沉湖等 5 个湿地自然保护区，涉及 17 个乡镇，3.85 万农民。2013 年 10 月，武汉市针对湿地保护区出台了生态补偿暂行办法，对湿地自然保护区内生态补偿的主体、标准、资金来源及管理等方面都进行了详细的说明规定，2014 年起每年由市、区两级财政出资 1000 万元，对 5 个湿地自然保护区建设和保护所涉及的主体，尤其是遭受损失的种植、养殖主体进行补偿；此外，该办法不仅对保护区进行级别划分，针对不同级别保护区规定了不同的标准，还将每一级别又细分为核心区、缓冲区、实验区，从而根据不同级别和区域，实行不同的补偿标准；同时还加强对补偿资金的管理，实行专账核算，专款专用，确保补偿资金用到实处，分发到账。这一系列措施都为确立湖泊生态红线区域生态补偿的标准、对象等方面提供了参考和经验，有利于湖泊生态红线区域生态补偿制度的建立和完善。

（三）市政府对湖泊生态环境保护越来越重视

政府目前对于湖泊以及整个环境的污染问题和保护工作都十分重视，湖泊保护与污染治理，是武汉市政府 2013 年就承诺整改的"十个突出问题"之一。近年来，武汉市出台了《武汉市湖泊保护条例》《中心城区湖泊保护规划》《湖泊执法巡查制度》《武汉市湖泊整治管理办法》等一系列法律法规，规定了整治湖泊污染的各种措施，明确惩罚办法、主管部门问责方式等具体举措，对湖泊治理的投入逐年加大，对湖泊的重视程度前所未有。这种环保意识的提高，高层对湖泊生态环境保护的重视，对于生态补偿机制的建立也是十分有利的。

（四）湖泊分区管理责任制的建立有利于生态补偿的实施

从 2013 年至今，武汉市逐步形成市、区各级以及各部门共同保护湖泊的责任体系,对湖泊的重视和保护程度前所未有。对每个湖泊配备"湖长"及其他相关管理人员,后来又针对湖泊大小、跨区域等情况于 2014 年又进一步完善了分区责任制,根据每个湖泊的具体情况,为湖泊配备湖长、协调员、联络员等管理人员,分别对每个湖泊进行管理,承担责任,明确湖泊保护职责,各"湖长"及其他配备管理人员对各自辖区内的湖泊进行监管,确保能够及时发现和处置涉湖违法行为等问题。这种湖泊分区责任制的建立也有利于各区根据当地情况,因地制宜,加强管理,尽快建立健全生态补偿机制。

二、存在的主要问题

当前武汉市甚至全国对于生态补偿的理论和实践研究都尚未成熟,仍处于探索阶段,还存在许多亟待解决的问题和难题。就制度层面而言,尚未形成规范完善的管理体系和相应的市场交易平台、机制,生态补偿资金主要是依靠政府财政投入,来源比较单一,对资金的发放和使用也缺乏有效的监督机制,补偿标准的制定也缺乏必要的科学依据。建立全面完善的生态补偿机制在制度、管理体制上还存在多方面的困难,下面将对武汉市生态补偿机制存在的主要问题进行分析。

（一）补偿资金来源渠道和补偿方式单一

目前武汉市生态补偿资金主要依靠地方财政转移支付,企事业单位投入、优惠贷款、社会捐赠等其他渠道明显缺失。以上文中提到的武汉市对湿地自然保护区的生态补偿机制为例,政府制定的政策只是规定由市、区两级财政每年出资 1000 万元,对全市 5 个湿地自然保护区进行生态补偿,除市、区政府投入外,并没有鼓励优惠信贷等其他资金来源渠道。此外,补偿方式也仅仅提到上述的资金补偿,其他如通过项目补偿替代原有的重工业污染企业,以及通过智力补偿从而对受补偿群体提供技能培训,提高他们的知识素养和环保意识等"造血型"补偿方式也没有得到重视，而仅仅依靠政府补偿资金，不利于接受补偿地区的长远发展。

在生态补偿机制中，政府、市场和社会都应发挥作用。而就目前武汉市的现状来看，生态补偿主要是依靠政府，政府在建立生态补偿中的作用是主要的。在补偿工具的使用上，存在着几个明显的不足。（1）缺乏税、费等监控手段。水、森林、湿地、湖泊等这些具有主要生态服务价值的生态资源长期处在税收监控范围之外，从而导致人们对这些生态资源的过度开发，破坏原有的生态环境。（2）在政府财政转移方面多为纵向转移支付，即上级政府对下级政府的财政转移支付，缺乏必要的财政横向转移支付，即同级的各地方政府之间财政资金的相互转移。目前横向补偿在全国也仅在个别地区进行探索，但力度不大、进度不快，缺乏必要的法律依据，无法全面和强制性地开展。这样一来，由于横向财政转移支付的缺乏，一些跨界、跨区域的生态环境问题和生态补偿实行起来会有许多困难。对于武汉市而言，也有一些跨区域甚至跨市的湖泊，横向转移支付制度的缺乏则不利于这些区域之间协调利益关系，更好地建立实施生态补偿机制。（3）缺乏市场性和社会性工具的探索与使用，与之对应的补偿方式仍处于探索阶段。西方国家广泛采用的环境产权交易市场，如碳排放交易市场、水权交易和排污权交易，在我国仅在部分地区进行试点。武汉市目前已启动水权交易研究等前期工作，编制了《武汉市水权交易研究》[①]初稿。然而就全国而言，水权交易制度仍处于理论研究阶段，尚无真正成熟的水权交易示范点，武汉市目前也只是启动了前期准备工作。尽管近年来国家和地方政府逐渐开始重视环境产权交易，并且开始制定相关法律法规，进行试点，但不可否认的是，我国在这些市场化的补偿方式的建立上与西方国家存在较大差异，并且尚处于探索阶段。此

---

① 武汉市城市规划协会：《武汉市国土资源和城乡规划，2104 年第 3 期（一）》，2014 年7 月 17 日。

外，除了这些市场化方式，其他的生态补偿彩票、绿色保证金制度以及社会捐助等市场化、社会化工具使用也较少。

（二）配套的基础性技术有待完善

生态补偿标准体系、生态环境监测评估体系以及生态服务价值评估核算体系建设滞后，相关部门对生态补偿标准、生态系统服务价值测算等问题没有形成统一、权威的指标体系、标准和测算方法，缺乏共识，从而导致在制定生态补偿标准等方面出现困难。此外，生态领域的监测评估力量往往分散在各个部门，不能满足实际工作的需要。在拟定湖泊生态红线区域生态补偿办法时，往往难以确定补偿标准与水资源服务价值之间的相关性，缺乏对生态保护成本、发展机会成本、生态系统服务价值的综合考虑，未建立以上述成本及价值为综合评估测算基础的核算体系，致使标准的确立缺乏科学性。此外，西方国家非常重视计量经济技术方法在生态补偿研究中的应用，以期实现生态补偿资金的高效配置。如美国学者 Larss J .S. 的"湿地快速评价模型"、德国学者 Johst K. 的"生态经济模拟程序"和瑞士学者 Herzog 的"生态补偿效应模型"等[①]。利用这些模型，计算和寻求生态补偿的主体和客体的利益均衡，提高生态补偿效率，从而实现生态补偿的最佳资源配置方式和状态。而我国虽然对有关生态服务价值的衡量也做过一些研究，但总体而言，对生态经济的计量模型、生态服务计量经济技术方法和生态效应评价体系的构建等生态补偿的技术的研究基本缺失，一方面与西方国家还有较大差距，另一方面，与生态补偿实践要求相比，也显得严重滞后。

（三）补偿资金主体与客体的权责落实不到位

补偿资金的客体通常为环境的保护者，而许多时候，对生态环境保护者的合理补偿却不到位。许多湖泊周边居民为保护和改善湖泊生态环境作

---

① 杨磊：《武汉市生态补偿问题与对策研究》，湖北大学，2012 年。

出很大贡献，付出较大成本和代价，但由于标准偏低，有些地方未及时足额拨付补偿资金等多种原因，还是会出现补偿偏低的现象。此外，一些地方还没有把湖泊生态保护区域以及保护者的相关信息，如付出成本，补偿意愿等彻底调查清楚，不能有效实施生态补偿，影响湖泊生态保护者的积极性。再者，许多补偿客体也没有履行相应的责任。尽管为改善生态环境投入了补偿资金，但仍存在效果不佳，补偿资金与保护责任脱节的现象。最后，许多补偿主体也缺乏环保意识，对作为公共产品的生态资源环境缺乏保护意识，需加强教育。

（四）政策法规建设滞后、无相应专门立法

虽然武汉市制订了许多政策条例，如《武汉市湖泊保护条例》《武汉市湖泊整治管理办法》等，保护、恢复和改善湖泊生态环境，这些法律法规中也不乏对生态补偿的相关规定和描述，但是武汉市还没有针对湖泊生态红线区域生态补偿的专门立法，涉及生态补偿的规定大多分散在诸如《武汉市湖泊保护条例》的众多法律法规之中，没有形成完整的系统。此外，近年来武汉市政府虽然逐渐重视对湖泊的保护，出台和完善了众多关于湖泊整治治理的法律法规，严格规定了湖泊保护的相关措施，旨在规范人们的行为，改善湖泊生态环境，但是依然存在很多违反法律法规的行为，违法填湖等行为屡禁不止，现有法律法规的权威性和约束性不够。

（五）有关部门职能交叉、监管乏力

湖泊的管理涉及发展改革、城乡规划、国土资源、环境保护、农业、林业、园林、城管等众多部门，内容繁杂，其中，跨区域湖泊涉及的部门更多，管理更为复杂。部门的管理权是有关的法律法规赋予的，相关法律法规也不可能将涉及湖泊的管理部门间的职责进行十分明确的分工，难免会有模糊的边界或者出现职能交叉的地方，出现"九龙治水"的现象。例如，湖泊的污染管理，与环保和水利部门都有关系，至今分工仍不够明晰。武汉有个案例，湖里死了鱼，环保和水务部门都成了被告。在湖泊资源管理中，水利部门负责水量水能的管理，环保部门负责水环境的保护与管理，国土部门负责土地开发利用。另一方面，对于按行政区域设立的执法管理机构，又都分别隶属于各区政府，这样一来往往会形成地方保护主义，无论是水资源管理部门，还是水污染防治部门，都无法克服地方保护主义的弊病。如此一来，各部门、各区域往往会从自身利益而非整体利益出发，进行规划管理，易形成利则相争、害则相推的局面，导致湖泊生态环境的管理效率低下。在生态补偿过程中，拨款用于生态补偿资金，制定生态补偿标准等过程，由于涉及部门众多，职责不明确，也往往会出现上述问题，导致生态补偿实施效率低下。

（六）产权管理滞后

作为共同资源的湖泊等生态资源因产权难以界定而被竞争性地过度使用或侵占是必然的结果，科斯认为产权的不明确易导致效率的低下，因此，对湖泊等自然资源进行清晰的产权界定、管理，是十分迫切和必要的。根据现行法律，我国水、石油等自然资源等均归国家所有，但是并没有明确规定国家以什么形式对这些资源享有所有权，缺乏对这些资源进行专门管理的具体机构、主体，导致一定条件下产权形同虚设。产权不清是造成资源过度开发，湖泊污染加重、面积不断缩小，酿成"公地悲剧"的主要原因，也是建立生态补偿机制必须解决的一个现实问题。

建立完善的生态环境资源产权制度是明确生态资源各利益相关方的责任和义务，建立生态补偿机制的前提。环境资源产权作为一种权利，体现产权所有者即产权主体对客体享有占有、支配、处置的权利，可以约束其他人的行为，避免资源的过度开发使用，避免"公地悲剧"。按照最优资源配置原理，生态补偿作为一种资源配置方式，提高生态补偿效率首先必须有清晰的环境资源产权界定和明确的生态领域的产权管理体系。

第四节　武汉市构建湖泊生态红线区域生态补偿机制的构想

一、构建湖泊生态红线区域生态补偿机制的必要性分析

（一）武汉市湖泊生态环境保护形势严峻

虽然目前人们已逐渐认识到湖泊生态问题的严重性，并开始针对一些具体问题采取应对措施，但湖泊生态环境仍然存在一系列问题和隐患。在武汉市城区不断发展壮大，工业化和城市化进程不断加快的过程中，湖泊区域生态、资源、环境面临的压力将越来越大。根据武汉市环保局，2014年，相关机构对全市除竹叶海和菱角湖外的87个重点湖泊开展监测，结果表明，水质达到三类及以上标准的只有6个，其中二类、三类各3个，这也就是说，这80多个湖泊中，能达到游泳标准的仅有6个；半数湖泊为四类水质，包括水果湖、杨春湖等44个，占总数的50.6%，符合五类标准的有22个，占四分之一，而剩余的南湖、龙阳湖等15个湖泊水质属于劣五类；在武汉市已划定功能区别的61个湖泊中，能达到相应水质标准的仅有24个，不足四成。除了湖泊污染导致水质变差的问题，武汉市湖泊面积的不断减少也是湖泊生态保护需要面对的另一主要问题。近几十年来，随着经济的发展和城市化进程的加快，许多湖泊都不断缩减甚至消亡，大多市民耳熟能详的范湖、杨汊湖地名如今也仅仅是一个带"湖"字的符号。

这些都对环境保护工作带来了严峻挑战，同时也了告诫人们保护湖泊生态环境刻不容缓，应尽快完善湖泊生态红线区域建立生态补偿机制，规范湖泊生态环境保护程序，改善湖泊生态环境。

（二）建设资源节约型和环境友好型社会的必然要求

2007 年 12 月 7 日，国务院正式批准以武汉为首的武汉城市圈为"全国资源节约型和环境友好型社会建设综合配套改革试验区"，即"两型"社会试验区。"两型社会"强调了对资源、环境的合理利用与保护，建设"两型社会"，武汉市则必须转变经济发展方式，改变片面追求经济增长的局面，提高资源利用率，促进产业结构优化升级。

湖泊方面，武汉市也须加大对湖泊湿地等生态环境进行治理、改善力度，划定湖泊生态红线区域，对湖泊周围的污染企业等进行管制，限制污染物的排放，建立湖泊生态红线区域生态补偿机制，在发展经济的同时更加注重生态环境的保护，推进节能减排，促进绿色发展、循环发展、持续发展，构建资源节约型和环境友好型社会。

二 、构建湖泊生态红线区域生态补偿机制的意义

（一）有利于调节武汉市各级各类行为主体的行为

构建生态补偿机制，让生态环境的破坏者和利用生态环境资源获利者，对为生态保护做出贡献、在生态破坏中的受损者和对减少生态破坏者做出一定资金补偿。如此一来，既可以使生态环境的破坏者和资源的开发利用者付出一定代价，有利于调节他们的行为，减少他们对生态环境的破坏，同时又能对生态环境的保护者给予一定补偿，激励他们继续为环保尽心尽力，增强人们的环保意识，使得越来越多的人自愿参与到环保事业中来。因此，武汉市加快构建湖泊生态红线区域生态补偿机制，通过多种方式和渠道筹集资金，加大补偿力度，有利于调节人们的行为，减少人们对生态环境的破坏，同时有利于鼓励人们更多地参与到环保事业中来，对为环境保护做出贡献的人给予补偿和奖励，从而激励人们的环境保护行为。

（二）有利于武汉市"两型社会"建设，促进可持续发展

可持续发展是既满足当代人的需求，又不对后代人满足其需求的能力构成危害的发展，它要求我们在发展经济的同时，保护好人类赖以生存的自然环境，实现经济发展与生态建设的有机统一。

建立生态补偿制度，则把生态环境保护的具体施行措施更加具体化，并且体现在政府环保工作的方方面面，规范每一个社会成员、团体的行为，加大对生态环境的重视程度，确保对资源的开发利用建立在生态系统可承受的范围之内，促进环境的维护与改善，实现可持续发展。总之，武汉市构建湖泊生态红线区域生态补偿机制，对于规范人们的生产经营活动，维护与改善湖泊生态环境具有重大作用，敦促人们在发展经济的同时，更加注重环境保护，促进武汉市"两型社会"的建设和可持续发展。

（三）有利于发挥湖泊巨大的生态功能，彰显武汉市特色

生态系统是人类赖以生存的基础，人类直接或间接地通过生态系统提供的各种服务功能获取利益。武汉市内众多的湖泊、湿地等为市民提供了丰富的淡水资源和大量的水产品、水源涵养、土壤保持、以及生物多样性等生态系统服务功能。市内沉湖湿地等自然保护区，以及依托湖泊发展旅游、休闲娱乐的东湖风景区、汤逊湖旅游度假区等，为人们提供了良好的生态环境和生活服务，为武汉市生态系统保育和社会经济发展做出了重要贡献。湖泊生态系统多样性，为人们提供了多样的产品和服务。

湖泊之于武汉，不仅仅是城市的一张名片，更是具有重大的生态功能。首先，在水源涵养方面，湖泊水可以调节河流水量，参与自然界水循环，维持和促进区域内一定水量的平衡。其次，保持生物多样性，湖泊湿地通常都有十分丰富的动植物资源，生物物种十分丰富。以著名的东湖为例，就鸟类来说，东湖具有珍稀鸟类 5 大类型 234 种，其中濒危鸟类 2 种、二级保护鸟类 9 种、省级保护鸟类 10 种，可以说是鸟类的天堂。除鸟类外，

东湖也具有众多的水生植物，其中不乏珍稀物种，其水生植物科数占全国的 40.37%，世界的 29.87%。再次，提供丰富的水产品。湖泊盛产鱼、虾以及莲、藕等作物，湖泊生态环境有利于各种水生经济动植物的繁殖，能够为水产和轻工业提供重要的原材料。另外，提供丰富的旅游资源。湖泊依托其优美的自然环境，以及多样的生物物种，往往会成为旅游胜地。东湖作为武汉市的一张名片，是武汉具有代表性的一个景点，每年接待游客达数百万人次，成为武汉的风景游览胜地。

因此，建立湖泊生态红线区域生态补偿机制，有利于增强人们对湖泊生态环境的重视，加大对湖泊生态环境的保护力度，改善湖泊生态环境，从而有利于湖泊发挥其多种生态功能。

下图将对生态补偿的整个作用过程进行说明。

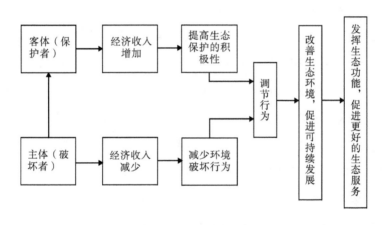

图 7-3　生态补偿机制的作用过程

三、构建生态补偿机制的原则

结合调查分析，武汉市生态红线区域生态补偿具体应遵循下面原则：

1. 权责一致

要明确生态补偿资金的提供者和接受者，坚持"谁污染谁付费，谁破坏谁补偿""谁受益谁补偿"和"谁保护谁受益"的原则，对从生态资源环境受益的开发者和破坏者，征收一定的费用，用于对生态环境的保护者和做出一定牺牲的人的生态补偿。使得资源的开发者和环境的破坏者明确自己有责任和义务对造成的生态环境的破坏和环境污染损失付出一定代价并给予补偿，而接受补偿的环境保护者和做出一定牺牲的人也有义务继续为生态环境的保护、修复尽力。

2. 公开透明

对所有的生态补偿资金要统一起来交由专门机构人员进行管理，并且明确资金的分配方法、标准以及使用范围等，对每一笔资金的发放和使用进行公开，确保补偿资金切实发放到相关人员手中，并且接受社会公众的监督，实现资金分配与管理的规范、透明。

3. 科学合理

首先，补偿方式和补偿标准要依据客观标准，可对各项环境指标进行评价，确定资源环境开发者和环境保护者对生态资源环境的破坏程度，同时也要对为环境保护者付出代价和做出牺牲的成本进行评估，弥补他们的损失。其次，还要依据时间、市场情况的变化，对补偿标准进行调整，使得补偿的标准和金额既在当前政府及其他主体的承受范围之内，与经济发展水平相适应，又能够满足环境治理费用，或者弥补相关主体的损失。

4. 多方筹资

补偿资金是实施生态补偿的保障和基础，资金的筹集要依据当前经济社会发展情况，拓宽渠道，在坚持政府主导，加大政府财政纵向转移支付的同时，还要促进地区间的横向转移支付，并积极提倡公众参与，鼓励社会捐助，综合运用行政和市场等多种手段，以政府财政投入为主导，并利用市场机制和社会资金等其他渠道，进行多方筹资，保证稳定的资金来源以更好地开展生态补偿，投入环保事业。

四 、补偿主体与客体

由于湖泊湿地水生态服务具有明显的外部性，对武汉市湖泊生态红线区域生态补偿机制的构建，首先也必须明确提供补偿的主体与客体，确立各方的权利义务与责任，从而进一步明确补偿类型、途径等相应政策。首先可以明确的是补偿的客体应该是湖泊生态环境的保护者和利益受损者，而补偿主体则应该是湖泊生态资源的受益者和湖泊生态环境的破坏者。

本文依据"谁污染谁付费，谁破坏谁补偿，谁受益谁补偿，谁保护谁受益"的原则，对武汉市湖泊湿地生态系统服务功能以及现状等相关情况进行分析的基础上，认为生态补偿的主体主要应包括以下几个方面。

1. 政府

武汉市共有大小湖泊 166 个，遍布武汉各区，对其中某一个湖泊的保护与治理，产生的生态价值并不是仅仅局限于该区域，所受益的是各级政府和全市市民。市、区等各级政府应当将湖泊保护摆在重要位置，纳入国民经济与社会发展计划，加强湖泊保护工作，健全湖泊保护执法体系，提高执法能力和执法水平，建立和完善湖泊保护投入机制，将湖泊保护所需经费列入财政预算，对为武汉市湖泊保护做出贡献的单位和个人做出生态补偿。

2. 排污企业及排污个体

尽管武汉市已出台各种政策文件，依法对湖区周边的污染企业进行限制或搬迁，调整湖区周边产业结构，优化产业布局，但是湖泊污染依然比较严重，东湖、南湖等武汉市内重要湖泊仍存在着污水直排湖泊现象，一些周边企业、餐馆等仍存在着违法偷排行为，这些企业、餐馆等排污主体往往受利益驱使，在实际生产过程中不愿对"三废"进行处理，违反法律，向水中直接注入污水，为了保护生态环境，必须对这些企业限期整顿，强制征收排污费。

3.湖区旅游部门

保护武汉市各湖泊，实施有利于湖泊自然修复的措施，有利于建立良性生态系统，使湿地面积增大，生态系统服务功能增强，生态环境进一步改善，对于东湖生态旅游风景区等景区以及其他依靠湖泊建设的度假村，如汤逊湖度假村，生态环境的改善，有利于提高景区的服务质量，使游客数量增长，从而增加旅游收入，因此，各湖区旅游部门作为受益者理应成为提供生态补偿的主体。

生态补偿客体主要是为生态环境做出贡献的保护者，或者是利益受到损害的受害者。为保护红线区域湖泊生态环境，武汉市曾出台多项政策限制湖泊附近居民从事养殖等活动。如《武汉市湖泊保护条例》第十九条规定："中心城区湖泊禁止渔业养殖，现有的渔业养殖应当在市人民政府规定的期限内实施退养。其他区湖泊进行渔业养殖的，不得围网、围栏、投施化肥养殖，不得养殖珍珠"。本文在分析武汉市湖泊生态系统服务功能的基础上，确定武汉市生态红线区域湖泊生态补偿客体主要包括因《武汉市湖泊保护条例》等相关政策的规定和实施而不得不受限、实施退养的现有合法渔业养殖户、退田还湖的农民，以及其他受政策限制搬迁的企业。对于这些原本从事养殖等行业的居民而言，相关政策的出台限制了他们的生产经营活动，必然对他们的经济收入造成一定影响，为他们提供生态补偿是对他们机会成本损失的弥补。

五、补偿方式

（一）资金补偿

武汉市政府部门及湖区周边的排污企业是湖泊生态红线区域提供生态补偿资金的主体，主要补偿方式有以下几种（见表7-1）。最近几年，武汉市政府也制定了相关政策，通过财政补贴、税收减免与支付补偿金等财政手段对武汉市湖泊生态红线区域进行生态补偿，湖泊周边排污企业也采取了污染补贴、支付排污费等方式对湖泊生态实施补偿这种方式。尽管资金补偿是最直接，最主要、最容易接受的补偿方式，但也必须经补偿的提供方与接收方进行协调，选择合适的测算方法，确立补偿标准，在法律许可条件下才方可实施，否则若双方协调不成功，未达成一致意见，则可能诱发一系列矛盾。

表 7-1　武汉市湖泊生态红线区域资金补偿主要方式

补偿项目	行为方式	补偿者	收取渠道	支出渠道	管理机构
环境质量	排污	排污单位	排污费	水处理	环保局
水产养殖	养殖	湖面资源占用者	占用费	渔业资源保护	保护区管理局
旅游资源	生态环境压力	旅游者	门票增加	保护区生态建设	旅游部门/保护区管理局

（二）其他方式

除资金补偿外，武汉市政府还可以采取其他几种补偿方式，以弥补资金补偿的不足，增强补偿的效果。如实物补偿，武汉市可以借鉴上文中所提及的鄱阳湖和洞庭湖的生态补偿，湖区农民因退田还湖失去生存之本的土地，或因限制养殖实施退养政策收入下降后，可以首先保障居民的粮食自给，进行实物补偿。其次，也可采取智力补偿的方式，武汉市湖泊生态红线区域开展智力补偿主要应为农户和渔民提供环保，生产和管理方面的培训，为其就业和发展提供智力支持。只有这样，才能彻底从观念上改变对湿地资源过度开发和依赖行为，由于智力补偿要通过改变观念、提高认识、增长知识、提升能力的长期转变过程才能收到补偿的实效。

六 、补偿标准

1.根据成本确立

对于武汉市湖泊生态红线区域，补偿标准可以参考退耕还湖和退养渔业的机会成本和农民受偿意愿两个因素。参考湖区因红线区域设立，使得当地居民现有经济活动受影响遭受损失的机会成本和受偿意愿两个因素，充分考虑附近居民可能受影响的收入水平，或因保护而遭受的经济损失来确立补偿的标准。武汉市在确立生态补偿标准时，要首先考虑到因湖泊生态红线区域的设立，而对当地居民或厂家生产经营活动带来的影响，考虑他们的机会成本，因保护湖泊生态环境而放弃的发展机会，以及为恢复湖泊水质、保护湖泊生态而投入的人力物力财力，合理确定标准。

2. 根据生态效益确立

首先相关部门应对各湖泊各项指标，如水质，进行监测，明确治理效果，然后确定补偿标准。对那些治理效果明显，生态环境明显改善的湖泊附近居民及相关人员单位，应给予更多的生态补偿，以此提高当地环保意识，鼓励他们继续为当地湖泊生态环境的改善而努力。武汉市在对各区各湖泊实施生态补偿机制时，也应参考山东省的做法，针对各湖泊所处位置，明确各区、街道办事处负责范围，对各区各湖泊水质、污染程度等各项指标进行监测。根据各湖泊水质等治理情况分配生态补偿资金，使得各区湖泊生态补偿资金的多少与湖泊水质环境挂钩，对湖泊生态环境改善的贡献越大，则获得的生态补偿金越多。这样既能提高生态补偿资金的利用效率，又能激发各地居民保护湖泊生态环境的积极性。

3. 根据市场机制确立

对于一些依托湖区景观发展旅游、休闲娱乐等产业的地区，武汉市政府也可按规定从中收取适当资金作为生态补偿资金，用于湖区生态环境的改善和维护。此外，武汉市也可建立碳交易市场，对在湖区周围排放二氧化碳的工厂和个人征收费用，用作生态补偿资金。

4. 根据调查研究确立

对于因武汉市湖泊生态红线区域活动限制受到影响的当地居民，政府应组织专门人员，深入调查，倾听他们的意见，了解他们的损失，以及他们的受偿意愿，从而更好地确立补偿标准。

七、建议

（一）构建和完善武汉市生态补偿相关法律法规

研究表明，对生态补偿进行立法，将补偿方式和标准的制定和实施以法律形式确立下来已成为当务之急。立法在生态补偿中的重要性和权威性，对于整个生态保护和经济发展具有至关重要的意义。武汉市众多湖泊的重要经济、社会和生态地位决定了湖泊生态补偿的重要性，应该结合前期已有的研究成果与实践经验，借鉴国内外生态补偿成功经验，加强生态补偿的立法调研，研究制定"武汉市湖泊生态红线区域生态补偿办法"，对补偿范围、类型、补偿标准、基本原则、补偿主体和对象、补偿方式、补偿资金来源、基本程序、法律责任等方面做出详细规定。对生态补偿的立法，主要包括以下内容。

（1）以法律形式明确生态补偿资金的提供者和接受者的法律关系，即明确生态补偿的主体和客体，以及他们各自的权利和义务，确立生态补偿的内容，对涉及的相关部门和主要负责部门进行具体的职能分工，建立严格的环境保护制度以及责任追究制度。（2）要制定生态补偿的核算方法、补偿范围、补偿方式、生态受益者的获利补偿、生态破坏的恢复成本标准、生态系统服务的价值标准等相关标准，明确生态补偿的基本原则和基本任务，在此基础上，再分别对不同生态补偿类型制定不同的具体措施，使得生态补偿的整个实施过程更为科学和具体，更加具有操作性[①]。（3）在立法中要强化有关生态补偿机制的内容，要明确有关资源费、税收、财政转移支付等资金筹集方式的运作管理。我国大多数的资源类法律中，都强调

---

① 雷成海、武绍贵、刘传义：《加快完善生态补偿制度》，《中国环境报》2014年7月3日，第2版。

了资源有偿使用的原则，体现这一原则的主要方式就是由各管理部门代表国家征收矿产资源费、水资源费和耕地占用费等资源费，《中华人民共和国矿产资源法》就规定：开采矿产资源，必须按照国家有关规定缴纳资源税和资源补偿费。除资源费外，也要建立完善生态税制度，生态税也称环境税、绿色税，是指国家为了调节环境污染行为、筹集环境保护资金、实现特定的资源与环境保护而对有环境污染行为的单位和个人依法征收的一种特定税，是利用税收杠杆促进生态环境优化的一种有效方式。完善生态税收制度，首先要从征收环境污染税着手。对于有利于保护生态环境、资源的市场行为，可以通过减免消费税、增值税、所得税等方式予以鼓励，而对于破坏生态环境的市场行为，征收环境污染税，所得税款可用于生态补偿资金，支持生态环境建设。同时，可以对当前资源税收制度进行改革，建立征收新的统一的以环境保护为目的的专门税种，从而消除部门交叉、重叠收费现象，完善现行保护环境的税收支出政策。其次，改革计税方法，生态税是在内容设置上具有典型区域差异的税收体制，按照对环境造成的不同影响和不同地区设置不同标准，从而体现"分区指导"的思想，通过不同税收标准：一方面鼓励人们为保护生态环境而尽力，另一方面也可将税收用于补偿资金，促进生态环境的保护与建设[①]。这些税收和资源费主要用于资源的勘探调查，以及资源的管理和保护等。同样对于湖泊的保护，也可以征收一定的税收和资源费，建立统一的生态税和资源费，对使用湖泊生态资源者征收一定税费，用于对湖泊保护者的补偿。同时在生态补偿实施过程中，要加大对整个过程的监督管理，从而保证补偿资金切实用到实处，提高补偿资金的使用效率，实现生态补偿效益最大化。（4）完善产权制度，明确产权归属。对于自然资源，尤其是我国基本由国家所有的

---

① 王健：《我国生态补偿机制的现状及管理体制创新》，《中国行政管理》2007 年第 11 期，第 87-91 页。

自然资源，更要进一步明确其所有者，以及所有权和使用权，制定相关法律法规，完善产权制度，为生态补偿机制的建立提供依据，避免资源的过度开发利用，从而造成"公地悲剧"，促进环境保护和可持续发展。

武汉市制定湖泊生态红线区域生态补偿的相关政策法规，首先可以整合《武汉市湖泊保护条例》及其他相关湖泊保护法律法规中对生态补偿的相关规定和描述，在此基础上制定统一的"武汉市湖泊生态红线区域生态补偿条例"，从而改变对湖泊生态环境的保护以及生态补偿的管理实施缺乏有效法律法规指导的现状。其次也可以参考之前颁布和实施的《武汉市湿地自然保护区生态补偿暂行办法》，调查该办法的实施效果，借鉴相关经验，从而更好地制定湖泊生态补偿的相关法律法规。武汉市要尽快建立完善湖泊生态补偿的相关法律法规，改变目前生态补偿法律缺失的局面，为生态补偿机制的规范化运作提供法律依据。

（二）进行生态补偿管理体制改革

针对湖泊管理部门众多、职能交叉、监管乏力的问题，建议成立统一的生态补偿管理机构和体制，并且明确各部门的职能，从而避免各部门、各区域都只从自身利益出发进行局部的、单一的目标规划与管理，利则相争，害则相推的现象，提高湖泊环境管理和生态补偿资金的使用效率，达到效益的最大化。

首先，要明确各相关部门的职责、任务，进行准确具体地分工，落实工作职责（见表7-2）。部门分工如下。财政部门：负责生态补偿资金的筹集、使用与监管。发改部门：负责生态补偿工作的规划，对生态补偿工作进行预算，负责生态补偿基金发放和对相关项目进行审批。环保部门：负责生态环境保护的监督管理，生态补偿标准审查，协助财政部门对生态补偿基金的使用进行监督管理，并且对湖泊生态补偿的绩效进行评估。水务部门：负责对湖泊生态红线区域相关水域的生态补偿标准进行核定，确定补偿的客体，对补偿项目进行申报与审核，并且协助相关部门对生态补偿资金的发放使用进行监管。各辖区、乡、镇政府及街道办事处：负责管辖范围内的湖泊生态环境的保护、修复、整治与管理及生态补偿对象认定、生态补偿项目申报与审核、生态补偿资金发放与监管。各部门间亟须加强协调，重视集成。同时，严格明确职能分工，既要做好内部的优化问题，以减少内耗，也要加强部门间的沟通。各部门、各行业间要做到相互联动，减少低水平的重复劳动。按照十八届四中全会提出的"避免多头执法所造成的互相推诿和效率低下"，要明确责任，避免部门之间相互推诿、不作为现象。

表 7-2 各部门职责分工

部门	职责
财务部门	负责补偿资金的筹集、使用与监管
发改部门	负责补偿工作规划，补偿资金预算、发放，相关项目审批
环保部门	审查补偿标准，生态补偿绩效评估，协助财务部门对补偿基金的使用进行监管
水务部门	核定相关水域补偿标准，确定补偿的客体，负责补偿项目的申报与审核，协助财务部门对补偿资金的发放使用进行监管
各级政府	负责各辖区范围内的补偿对象认定、补偿项目申报与审核、资金发放与监管等生态补偿具体事宜

在明确发改部门、环保部门、水利部门等各部门职能的基础上，建议武汉市设立由发改委、规划局、财政局、环保局、水利局等相关部门领导组成的湖泊生态红线区域生态补偿领导小组，行使生态补偿工作的协调、监督、仲裁、奖惩等相关职责，负责全市湖泊生态红线区域生态补偿工作的协调、监督和管理。领导小组由各部门的主要领导组成，同时领导小组下设办公室，作为处理日常事务的机构；另一方面，还要建立一个由专家组成的技术咨询委员会，负责生态补偿相关政策的研究，以及提供技术咨询（如图7-4所示）。设立湖泊生态红线区域生态补偿领导小组和技术咨

询委员会有利于避免和减少现有生态补偿管理体制的弊端，有效减少管理职能交叉、监管乏力、资金使用不到位、生态保护效率低、生态保护与受益脱节的现象，有利于集中使用生态补偿资金，提高生态补偿资金的使用效率，改善生态环境质量。

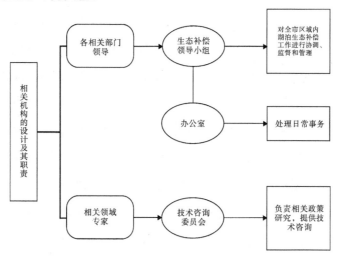

图 7-4　相关机构的设立及其职责

（三）建立多种资金筹集方式，加大对生态补偿的投入力度

近年来，政府虽逐渐对环境保护和生态补偿开始重视，也开始逐年增加多生态补偿资金的投入，但是很多情况下，仅仅依靠政府财政投入是不够的。以广州市为例，广州在 1999 年在全国率先建立了生态公益林补偿机制，补充标准逐年提高。在财政资金投入总额方面，补偿资金总量从最初的 0.11 亿元增加至 2011 年的 1.14 亿元，2015 年增加至 2.33 亿元。仅 2011 至 2015 四年来，生态补偿资金总量就翻了一倍多，投入大幅增加。但尽管如此，不少人还是认为生态补偿资金投入太少，因为与生态公益林每年创造的巨大生态效益相比，对生态补偿资金的投入实在太少。而要想增加生态补偿资金，仅仅依靠政府资金投入是远远不够的，这就需要我们寻求其他方式，筹集补偿资金。

生态补偿资金来源主要是政府投入，武汉市在实施湖泊生态红线区域的生态补偿时，资金投入当然也是以武汉市政府为主，但除此之外，也应积极争取省政府乃至中央政府的财政支持，加大对生态补偿的投资力度，同时制定优惠政策，引导社会资金参与生态建设，使得补偿的途径和方式逐渐多样化，广开资金渠道，多元化筹集生态补偿资金来源，积极筹措稳定的生态补偿资金。通过发行福利彩，鼓励社会捐助等方式，积极探索和争取政府投入之外的社会资金，引导更多的资金参与到生态保护与建设事业中来，此外，发挥政府和市场的双重作用，逐步建立以政府主导为主，市场推进、社会参与为辅的生态补偿机制。主要内容包括：（1）完善税收政策，增收生态补偿税、各种资源税，通过税收手段调节人们的行为，鼓励人们保护生态环境，提高资源的开发利用率，同时积累补偿资金，用于生态环境的维护与改善。（2）成立专项补偿基金，在政府投入的基础上，引导更多的社会资金投入到补偿基金中来，形成多元化的资金格局。（3）建立碳交易、水权交易、排污权交易等交易市场，探索和推广水权转让、排污权交易机制，建立区域内排污权有偿使用和交易市场，将排污权作为一种商品，利用市场机制，进行交易，推动节能减排，控制污染物排放，拓宽融资渠道。（4）对污染严重和资源消耗大的企业征收生态补偿保证金，限制这些企业的生产经营活动，促使企业履行相关环境保护与修复义务，对存在生态破坏严重或者拒不执行生态恢复等行为的企业具有制约力。

（四）完善行政考核制度

针对一些地方政府或行政负责人员一味追求经济的增长，而忽视对环境的重视与保护，或者未能按规定履行上级下达的环境保护任务与目标的情况，应该建立严格的行政考核制度。为了避免片面追求 GDP 的增长而忽视生态环境的现象，贵州省对一些重点生态功能区取消了 GDP 考核，出台领导干部考核办法，实行环境损害责任终身追究制，并提高生态文明建设指标的考核比重，加大领导干部对生态环境的重视[1]。

---

① 《生态文明先行示范区建设成效初显》，《中国经济导报》2015 年 6 月 13 日。

武汉市应对各大小湖泊分别配备相应的行政管理负责人员，将湖泊的治理与行政人员的政绩挂钩，对湖泊治理相关负责人员进行考核，内容包括水质量达标率、湖泊污染防治重点工程完成率，以及湖泊环境保护责任制工作完成率三方面，对没有好好贯彻上级政策，对湖泊进行治理改善的相关人员实行责任追究。此外，还可以参考南京市制定《南京市生态红线区域保护监督管理和考核规定》①的做法，建立干部政绩绿色考评体系，将湖泊生态红线区域保护责任落实到各区域、部门和负责人，实行干部任期生态红线责任制、问责制和终身追究制，加强考核监督，使领导干部视生态红线成为不敢闯的"红灯"。围绕主体功能区定位要求，将生态红线区域保护的具体指标纳入经济社会发展考核评价体系，并增加其考核比重，将考核结果直接与奖惩及补偿资金挂钩，促进相关主体恪尽职守，履行相关责任。

（五）加强对生态补偿资金的监管

武汉市在发放生态补偿资金的过程中，应尽量减少不必要的程序，避免中间人员对资金的滥用，并且加强对资金的监管，确保信息公开，确保补偿资金切实送达需要补偿的相关人员手中。这方面我国有些地方已进行了相关尝试和实践，例如，陕西省合阳市森林生态补偿资金采用"一卡通"形式，直接兑现到农户，避免层层转拨以及代签代领过程中可能出现的资金滥用等问题，而且实行转款转账，确保补偿资金专款专用。2014年苏州市吴江区盛泽镇在发放水稻田生态补偿资金及县级以上公益林生态补偿资金过程中，首先将相关审核结果、分配方案按规定时间在镇、村公示栏张贴公示，确认公示结束后无异议。然后，镇财政部门将水稻田生态补偿资金1113.51万元、县级以上公益林生态补偿资金6.06万元，共计1119.57万元全部拨款至相关村及单位，同时做好生态补偿资金收支情况表季报工作。同时镇财政部门也继续与其他部门加强对补偿资金的跟踪管理，及时掌握动态情况。武

---

① 南京市人民政府：《市政府关于印发南京市生态红线区域保护监督管理和考核暂行规定的通知》，宁政发2014（289）号，2014年11月24日。

汉市可参考这些地区的实践经验，加强对补偿资金的管理和监督，确保补偿资金用到实处，同时加大政策宣传力度，充分发挥生态补偿机制的激励作用，推动生态保护机制的建立、发展。

下图是对武汉市湖泊生态红线区域建立生态补偿机制整体过程的一个概括和分析。

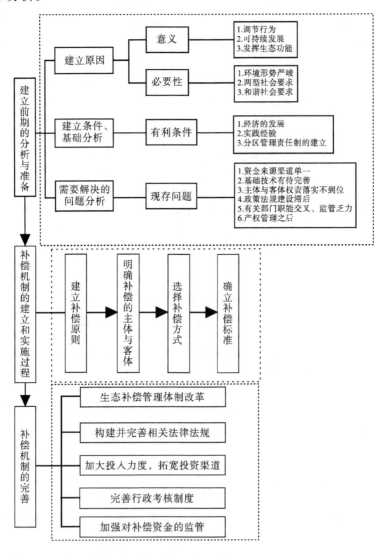

图 7-5 武汉市构建湖泊生态补偿机制的整体概括分析

第八章　湖泊生态红线区域分区责任管理机制

第一节　湖泊生态红线区域管理概述

一、有关概念界定

（一）区域与区域管理

区域是"地球表面的一个分区，该分区由于具有不同于其他分区的内在特征组合而有异于其他分区"。其原因在于"划分区域的标准可能是自然地理标准，也可能是人口统计学、经济学、行政学或其他标准"[①]。由此可见，既有根据自然地理环境特征确定的自然区域，也有依人为需要划定的社会区域。除此之外，区域还可以从其他不同的视角进行定义，如为了实现某种特定目标，管理某一具体事项的称为管理区域；而为了国家利益，保证该区域内国家利益相互作用而界定的区域则为战略区域。

区域管理是现代管理的理念、理论和方法在区域科学研究中的具体运用。区域管理是社会发展的产物。在全球化背景下，区域管理中的区域划分不再单单是指行政区划，区域管理也不再仅仅是政府的行政区管

---

① Alexander L.M.，"Marine regionalism in the south east Asian seas"，East-West Center，Environment and Policy Institute，Research Report No.11（1982）.

理，现代区域管理将大量跨越行政区划甚至国界的公共问题和事务纳入管理范围，而不再仅仅局限于一定的行政区划内的事务。

区域管理理念具体应用到水环境管理中，指以一定的区域为单元对有关水事活动实施的管理，这种管理活动涉及水资源的经营和水环境的保护，其管理的对象既具有经济学的商品性特征又具有公共管理学的公共事务性特征。

（二）生态红线区域管理

生态红线区域管理是在空间、数量、结构、功能等范畴内对生态系统各要素生态安全阈值的一种管控，其实质是通过生态红线体系的建构达到保护生态系统安全的目的。在红线区域管理过程中，必须有一套健全有效的管理手段，以确保生态红线政策得以制度化、规范化。生态红线不能仅仅停留在纸面上和规划中，需要严格执行和落到实处才能体现应有的实践价值。生态红线区域管理是生态红线与管理制度的结合，是红线划定、落地、监管、追责等一系列管理制度、措施和手段的综合[1]。

（三）湖泊生态红线区域管理

在湖泊生态红线区域管理方面，从各地的实践看，其内涵应该主要包含以下几点：（1）突出红线区域的生态系统性和整体利益，其管理的要义在于力求湖泊资源利用的最佳化以满足社会和经济发展的需要；（2）在管理上强调控制人为因素的影响以维护湖泊生态环境的可持续性；（3）强调其是一种政府行为，需要政策、法律法规和协作机制的支持；（4）突出多元主体的合作。

基于上述分析，可以认为：湖泊生态红线区域管理是基于维护湖泊生态系统的完整性和红线区域发展整体利益的需要，以政府为核心的多

---

① 曾庆枝、李媛媛、徐本鑫：《生态红线管理中越线责任追究法律制度研究》，《国家林业局管理干部学院学报》2015 年第 14 卷第 1 期，第 44-48 页。

元主体管理，其综合运用法律、行政和经济等多种手段，统筹协调区域共同面临的湖泊发展问题，为促进湖泊区域内政府及其相关机构之间和区域内各利益相关者之间涉湖行为的利益协调而进行的管理活动。

湖泊生态红线区域管理是在当前湖泊污染严重，湖泊资源开发过度，以及区域合作化进程不断加快的背景下产生的，与过去其他形式的湖泊管理不同，它的实施首先要对管理范围和边界进行一个重新的划分和界定，确定一个湖泊生态红线区域，在这一区域内，采取相应严格的保护措施，改善湖泊环境，维护湖泊生态系统的正常运作和完整性。

武汉市内跨区域湖泊众多，如跨省域的龙感湖，跨市域的梁子湖、斧头湖、汤逊湖、鸭儿湖、花马湖，跨县域的西凉湖、太白湖、武湖等①。尽管很多的学者都提倡生态红线区域管理，但实际上他们对于"区域"的范围认定并不一致。持"大范围"的学者主要是从全国范围来定义区域。持"中范围"的学者们则将区域定义为省级范围之内。持"小范围"的学者则认为，湖泊红线区域管理应该是涉湖各市、各区之间的合作和管理。本文从"小范围"来分析分区责任管理问题。

二、湖泊管理问题的特性

湖泊管理作为公共管理的一种，是指以政府为核心主体的涉湖公共组织，为保持湖泊生态平衡、维护湖泊权益、解决湖泊开发利用中的各种矛盾冲突，所依法对湖泊事务进行的计划、组织、协调和控制活动。湖泊区域管理应该说是伴随着湖泊保护与开发的产生而必然产生的，更是湖泊区域管理的题中应有之意。具体来说，湖泊红线区域管理问题提出的原因可以分为以下三个方面（如图8-1所示）：

---

① 程焰山：《武汉城市圈跨区域湖泊管理创新研究——以四市共管的梁子湖为例》，《长江论坛》2010年第4期，第24-29页。

（一）作为管理客体的特性

湖泊本身的特性是管理问题产生的根本原因。作为环境管理对象的湖泊，与一般的地表环境相比有很大的差别，一是其具有流动性，这一特性使得对湖泊的管理易产生联带影响；二是其空间复合程度高，致使湖泊周边遍布多个行业的立体化开发；三是难以准确地划定其边界或加以分割，这样一来，在湖泊的开发利用以及监管过程中，很难具体划分和追究责任，易产生纠纷和矛盾。湖泊的这些特性，使得湖泊管理涉及多个产业、行业和领域，并且具有跨区域的特征，湖泊管理的这种复杂性，要求必须采用强有力的监管措施，对其进行有序管理。

（二）涉湖主体的多元化

随着涉湖主体的不断增多，人们对湖泊的认识不断深化，对湖泊的生态功能以及湖泊保护和管理的不断重视，湖泊管理的主体也逐渐向多元化发展，除政府这一传统单一主体外，还包括一些企业以及社会公众等，传统单一的政府已与当前湖泊的形势以及社会经济发展状况不符，当前形势下，政府进行各种社会公共事务的治理，相关企业、社会团体和其他非政府组织的协助与支持是十分重要乃至必不可少的。而单一的政府垄断型管理机制严重抑制了其他行动主体的积极性，阻碍了湖泊问题和湖泊事务的及时、快速和有效治理。由于中央政府、地方政府、企业和社会公众在水资源管理中的职能角色、投资范围和权利划分不清，湖泊管理问题集中表现为"政府缺位"下的多元主体信息和资源配置的不对称和混乱。对湖泊管理现实中面临的管理实体繁杂、利益主体众多，既相互依赖又互相冲突等问题，湖泊红线区域分区责任管理便成为一种有效的管理手段。

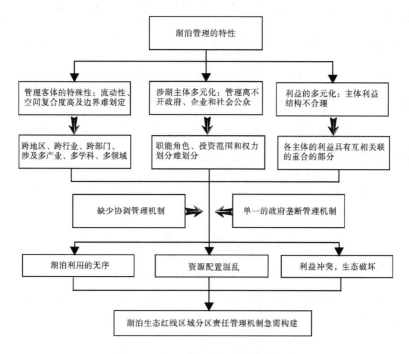

图 8-1　湖泊管理问题的特殊性

（三）主体利益的多元化

随着湖泊利用与保护程度日益提高，涉湖相关主体的利益日益多元，利益关系日趋复杂，在湖泊开发和利用过程中，彼此间必然产生利益的冲突。湖泊区域利用中所产生的矛盾和冲突，从根本上说是一种利益之争，这就使的有效的管理成为一种必须，这一点可以从有关"利益"的理论阐述中得到解释。

按照马克思主义经济学的观点，利益就是基于一定生产关系基础上，获得的社会内容和特性的人类需要，其本质是在主体需要和实践的基础上，为一定社会关系所中介的主体对一定对象和条件的拥有和满足关系。兼容性是利益的最重要特性之一，它是指某种社会关系下的主体必须联合起来去劳动、去创造共同的利益，才能满足各自的利益需要。而共同利益是处于同一社会关系和社会地位中的人们各自利益的相同部分，对于团体成员而言具有共享性，而共同利益的实现则是以协调管理为途径的。

同一湖泊区域内的人们，由于湖泊生态系统的相互关联性和不可分割性，而使得各自的利益具有相互关联和重合的部分，即存在共同利益，需要通过协调而实现。一定湖泊区域内共同利益具有一定的利益结构，它有三种关系组成：第一重是涉湖主体与湖泊资源的关系；第二重是涉湖主体间在追求湖泊利益的过程中所形成的关系；第三重是涉湖主体与制度安排的关系。在这三重关系中，制度决定着前两重关系，是利益格局中的关键点。因此，湖泊管理中所出现的种种问题和障碍，主要源于湖泊管理制度，其中最大的制度缺陷是利益协调机制的缺乏，使现有的利益格局中形成的各种利益矛盾得不到协调解决，从而形成了利益冲突，最终导致了对湖泊生态系统的破坏。因此要改变现有的利益格局，实现有效的湖泊区域管理，其中最关键的一点就是建立有效协调涉湖利益矛盾的管理机制，促进共同利益的实现。

三、分区责任管理的基本途径

湖泊生态红线区域分区责任管理作为公共管理的一种，属于公共管理理论研究的范畴，但是并不是任何一种公共管理理论都能作为其基础理论加以应用，而必须对理论之于实践的适用性进行分析，找到一种切实可行的原则性理论作为理论指导。治理理论作为一种新的社会公共事务的管理方式，对于湖泊生态红线区域分区责任管理机制研究的适应性主要有以下几个方面：

（一）引导多元化主体管理

传统的湖泊管理单纯地强调政府的作用，而忽视了其他主体的作用，因而使湖泊这一本来影到所有人利益，应该由公众广泛关注的管理活动，变成政府单方面的行动。但是湖泊生态红线区域是一个经济－社会－自然相结合的复杂系统，要完成综合管理，单靠政府来管理其作用是有限的。随着湖泊管理理论和实践的发展，其主体日益多元化，具体到湖泊红线区域管理而言，它不仅包括区域内的各级政府，还包括区域内的各个涉湖行业部门、涉湖企业、相关团体和公众。这就要求一种多元主体的治理理论作为其研究的基础，权力主体的多元化，包括政府但又不限于政府的社会公共机构和行为者，打破了政府作为唯一的权力中心的单中心主义权力格局，各种公共的和私人的机构只要其行使的权力得到了公众的认可，就可以成为在各个不同层面上的权利中心。通过政府主导，政府、企业以及生态非政府组织的协同管理，构建一种合作网络机制，其是建立在市场原则和公共利益的认同基础上的合作，不完全依靠政府权威，其改变了过去管理机制的单一性和自上而下性，其权利向度是互相的、多元的。通过良性参与互动，促进湖泊管理主体之间的平等合作，改变过去管理中政府一元权力的管理格局，使生态管理中决策主体、执行主体和监督主体范围扩大，将增强决策的有效性、合法性和及时性[①]。

（二）采用多样化手段管理

基于多元主体互动的湖泊红线区域管理的手段，已经不能仅仅限于传统湖泊管理中的法律政策手段、行政手段和经济手段，而应该更加强调激励与约束的管理手段，向着柔性、互动的方向发展。在这一点上，治理理论也为其提供了有效的参考。

有学者根据政府介入公共管理的程度，将治理工具和机制划分为以下几种类型：一是以市场为核心的治理工具，利用市场机制而非政府手段解决问题；二是财政性工具，即政府通过调整和改变相关产品服务的课税，或者进行财政补贴，以改变相关主体行为，达到相应的目的；三

---

① 丁晓：《我国生态文明建设中的生态管理创新研究》，山东理工大学，2014年。

是管制性工具，即应用政府权威，通过法律法规规范公民行为；四是直接运用政府权力，为社会提供公共产品和服务。这些依据政府权威和介入程度划分不同的治理工具，适用于不同的情况，应根据情况选择适用工具，另一方面由于公共事务本身具有一定的复杂性，仅仅依靠某一种治理工具恐怕不能完全解决问题，应该依据情况，综合运用不同的治理工具。

（三）构建主体间合作网络

湖泊所具有的流动性、空间复合程度高等特性，使得湖泊管理所涉及的主体不但具有多元化特征，而且涉湖主体，还易产生连带的影响，任何一方的湖泊开发活动都会对其他各方产生不同程度的影响，资源的相互依赖性导致了他们之间权力的相互依赖性，各主体间必须依赖相互的合作，需要各子系统之间的相互配合，加强信息的沟通和交流，在各子系统之间形成良性的互动，实现有效的合作管理，才能实现彼此利益的最大化。与此相适应，治理理论主张政府与非政府部门加强联系，构建合作网络，就共同关心的问题采取集体行动。因此，管理是政府与社会力量通过面对面的合作方式组成的网络系统，政府以及社会主体之间要实现资源、信息共享，以解决社会公共问题，达到共同目的。这就为湖泊红线区域管理中多主体间的合作提供了研究的理论基础。

第二节　湖泊生态红线区域分区责任管理的基本框架

一、管理原则

（一）针对性原则

湖泊红线区域管理的管理对象具有特定性和针对性，针对区域内的湖泊开发、利用、环境保护等一系列问题，应围绕保护生态环境这一主题，分别提出解决这些问题的具体对策，有明确的目标，并落实到具体的区域，针对性要强。

（二）系统性原则

湖泊红线区域管理综合考虑水资源保护，由湖泊污染、生物多样性保护等单一问题，扩展至具体生态问题的研究，如湖区旅游业、渔业、水产养殖业等产业的发展，人口的扩张等存在的显著或潜在的风险，从而引起的湖泊生态环境的破坏，对红线内区域进行管理，必须将各种显著或者潜在的风险都纳入考虑范畴，并逐一制定相应的管理对策，系统地解决湖泊生态环境问题，实现社会经济的可持续发展。

（三）主动性原则

湖泊红线区域管理的实现不仅要管控对环境有害的人类行为，还要大力实施和推广对环境有益的举措，主动采取措施，对已经被破坏的生态环境进行治理恢复，发现并解决目前面临的生态环境问题，体现出很强的管理主体的能动性，促进人与自然的协调发展。

二、管理主体

湖泊红线区域管理所涉及的主体是多元化的，具体涉及的主体包括几大类：政府、涉湖企业、科研机构、公众和社团。

（一）政府

包括武汉市区政府及与湖泊管理相关的各职能部门。由于湖泊具有公共特性，决定了其管理的主体必然是社会的代言人——政府。湖泊管理体系中的各职能部门包括湖泊主管部门及其他涉湖管理部门。湖泊主管部门即武汉市水务局和各区的水务局。2002年武汉市出台的《武汉市湖泊保护条例》规定"市水行政主管部门负责全市湖泊的保护、管理、监督，组织实施本条例。各区水行政主管部门负责本辖区内湖泊的日常保护、管理、监督。市、区水行政主管部门所属的湖泊保护机构，承担湖泊保护日常工作。"在此之后，武汉市对《武汉市湖泊保护条例》有所修改，但是武汉市水务局在湖泊管理中的主管地位一直保持不变。另外，2012年武汉市湖泊管理局（武汉市水务执法总队）成立，进一步强化了武汉市湖泊保护、管理、治理的组织机构；有效整合了全市水务执法队伍，形成了全市涉湖工作统一管理、湖泊违法重拳出击的工作格局。其他涉湖部门则主要包括：渔业主管部门、城市管理部门、交通运输管理部门、环境保护部门、旅游业管理部门、林业管理部门、园林绿化部门等。

（二）涉湖企业

由于湖泊资源所具有的商品性经济特性，湖泊资源的行为主体就涉及各产业及其涵盖的各种需求各异的企业以及营利性组织、各种与利用湖泊资源相关的直接或间接的经济组织。与湖泊相关的产业活动主要有水产养殖、土地围填、工业用地、滨湖旅游、湖底管道、城市废水、农田灌溉等。湖泊生态红线区域管理的根本目的是保障人类对湖泊资源和功能的可持续利用，涉湖企业正是受政府委托为人类提供湖泊资源公共物品的主体。同时从企业的角度，企业管理的目标是保证自身的发展及经济效益，涉湖企业为了追求经济利益影响了湖泊资源公共物品的可持续提供。因此，这一主体在湖泊生态红线区域管理中占据重要地位。

（三）科研机构

主要包括各类环境科研单位、社会学术机构、高校等。从事与湖泊有关的科研工作机构，在湖泊科技服务、湖泊技术研发、科普惠及民生等方面是湖泊生态红线区域发展中一支不可或缺的生力军和突击队，为湖泊的功能利用和可持续发展提供技术支持，为政府科学决策发挥重要的"智囊团"作用。这种"技术支持"的定位和作用是湖泊生态红线区域管理中必不可少的。

（四）公众和社团

公众包括的范围更为广泛，凡是其活动直接或间接对湖泊造成一定影响的，与湖泊有直接或间接的利益关系的，都在主体的范围之内。社团是指以湖泊管理为关注内容、参与或影响到湖泊管理的事务、不以经济利益为目标的非政府组织或团体。我国环保民间社团大多数都有合法身份。分四种情况：一是由政府部门发起成立的环保民间组织；二是挂靠在机关事业单位内部的二级社团或独立注册的民办非企业单位；三是在各级各类学校登记的学生环保社团，其不用注册；四是尚未办理任何注册登记手续的环保民间组织。我国涉湖社会团体主要有以下作用：（1）监督政府和企业行为，影响政府的政策；（2）宣传水环境保护意识，协调环保社会行动；（3）维护社会和公众的水环境权益，推动政府把环境知情权、参与权、监督权和享用权赋还给公众，把公众对"四权"的真实意见反馈给政府。

三、管理体系

湖泊生态红线区域分区责任管理是一个为实施湖泊资源可持续利用战略目标、实现人类社会和自然环境可持续发展战略目标而存在的多主体社会行动系统。它同时具有战略的属性、主体行动的结构体系和系统的动力机制。它是在人湖和谐的水资源可持续开发的价值目标要求下产生和发展的。在这个价值目标的整合下，协商多主体逐渐产生出一系列适合人水和谐目标要求的制度性和非制度性的跨界水资源管理协商规范，用以指导、引导或者约束主体与自然以及主体之间的社会行动规则。湖泊生态红线区域分区责任管理的社会行动系统构架如图8-2所示。

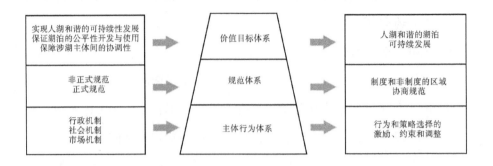

图 8-2   湖泊生态红线区域分区责任管理体系

（一）价值目标体系

1. 实现人湖和谐的湖泊可持续性发展

人湖和谐是一个具有广泛包容性的价值理念，它强调的不仅是湖泊可持续利用，也同样强调人及所处社会的可持续发展，强调人们在管理湖泊过程中策略和工具的选择能够与人类长远发展的利益相符合。人湖和谐包含三个方面的含义，即适宜人类生存的湖泊条件的可持续性、湖泊生态系统的永续利用、湖泊开发和利用代际代内的均等性。所以，在湖泊生态红线区域分区责任管理过程中，要能够形成一个充分包容不同的湖泊价值诉求的公共空间。这种管理空间的构建，其目标是以人湖和谐为前提的，其是各种湖泊价值主体积极讨论、广泛参与的结果。在平等、自由的沟通环境中，管理体系的运行应基于丰富且正确的信息提供，并采用广泛的政治、经济和文化的手段。

2. 保证湖泊的公平性开发与使用

一方面，湖泊生态红线区域分区责任管理使得湖泊的开发和利用要能够实现代际之间、代内之间的公平性。由于当代人在开发和利用湖泊时，通过管理空间的创建，代表后代人对湖泊价值的意见就能够进入到管理流程，从而使当代人在不影响其发展的前提下考虑后代人的发展需求，进而约束自己的湖泊使用行为，为后代人创造更好的湖泊环境。

另一方面，湖泊生态红线区域分区责任管理保障湖泊可持续发展中区域之间的公平性原则。在湖泊生态红线区域分区责任管理中，不同的利益主体之间，遵循公平参与、增进了解、相互妥协的原则，确立一个各方都能够接受并且合理的合约，实现自我约束以及相互监督的一种自律管理模式。湖泊生态红线区域分区责任管理的结果是湖泊红线区域共同意志的体现，以达到一种和谐，在湖泊生态红线区域分区责任管理中，这种和谐有着政策法规等国家意志的保障，另外，地区间的协调管理有效性和合法性也是建立在广泛的公共利益基础之上的。

3. 保障涉湖主体间的协调性

湖泊可持续发展不仅强调公平性，同时也要求具有协调性。这种协调性包括社会之间的和谐，也包括人类与湖泊生态间的和谐。这种和谐性原则，要求人类采取协调和谐的方式进行湖泊的开发和利用。湖泊生态红线区域分区责任管理的协调性，是指湖泊管理的各子系统内部诸要素自身、诸要素之间以及各子系统之间在供给和配置上的协调和均衡，即以湖泊为载体的社会经济关系的和谐。这种协调性通过人与人之间关系的发展体现出来。一方面，由于在湖泊载体上维系着不同的人与人之间的政治经济关系，人们可通过对湖泊的供给和分配体系的协商，去协调湖泊开发和利用中复杂的价值观和利益冲突。另一方面，作为公共事务湖泊的供给和配置，分区责任管理可表现为组织和组织之间、社区和社区之间、国家和国家之间的湖泊管理协调关系。这种协调性要求不同的政治主体、经济主体和自然人在体制的供给、维系和变革的过程中能够自由、平等地表述并达成一致的意见。无论湖泊生态红线区域分区责任管理采用市场机制或是行政机制，多主体可以在体制的选择、制度的制定、资源的提供和运行的监督方面进行充分、自主的沟通和协调，唯其如此，湖泊生态红线区域分区责任管理才能在体制和谐的基础上体现人湖和谐。

（二）社会规范体系

规范"是一系列被制定出来的规则、守法程序和行为的道德准则，它旨在约束主体在实现福利或效用最大化过程中的个人行为"。湖泊生态红线区域分区责任管理主体的规范体系（见表 8-1），包括非正式规范和正式规范两类，分别又可分为主体和主体之间的规范、主体和客体之间的规范。

表 8-1　分区责任管理主体规范的分类

关系形成	主体与主体之间	主体与客体之间
非正式	文化、风俗、宗教	对湖泊及其价值的认知
正式	法规、契约、组织结构等	湖泊利用的法规及形式

湖泊生态红线区域分区责任管理主体的正式规范是指多主体在人水和谐价值目标的引导下，有意识地制定的一系列约束主体行为的规则，其形式为正式发布和实施的行为准则，包括国家的政策、法律、条例等政治规则、经济规则和契约，各种组织的章程、协议、纪律，以及由这一系列规则构成的组织体系结构。具体的内容涉及水权的制度化规定、水行政体系的构架、社会的治湖结构等方面。

湖泊生态红线区域分区责任管理主体的非正式规范是指不同地域的人在涉湖活动中长期形成的约定成俗、共同恪守的行为准则。它是根植于人们生活深层、属于意识形态的规范，"是一整套逻辑上相联系的价值观和信念，它提供了一幅简单化的关于世界的图画，并起到指导人们行动的作用"。这种非正式规范反映了社会形成过程中的人与人之间、人与湖之间的价值观念、伦理道德规范、风俗习惯、宗教传统等精神文化对主体涉湖行为的指导作用。具体的内容涉及人们对水权的诉求习惯，对湖泊环境的认知等方面。

在社会分析的体系中，正式规范属于制度和战略层面的范畴，而非正式规范属于价值和精神层面的范畴，两者之间有一种互动关系。一方面，非正式规范会对正式规范有一种指导作用，也会阻碍正式制度的变革；而正式规范是非正式规范的表述和形成，有利于整个社会行动体系的稳定。另一方面，正式规范必须与非正式规范保持目标的一致性，才能保持其稳定的状态。如果社会处于转型时期，正式规范和非正式规范之间的矛盾形成的张力，将促使社会行动体系的转变。

（三）主体行动体系

从管理的本质来讲，其本身应该是一种社会行动机制，但它的开放性可以使得主体在管理的过程中使用市场机制和行政机制及其工具，使得管理的过程和结果更具有活力。因此，从广义管理的定义来看，可将管理主体的行动机制按照行政机制、社会机制和市场机制三种类型进行划分。

表 8-2　湖泊生态红线区域分区责任管理主体行动体系类型

特点划分依据	发生途径	核心	决定运行效率的关键
行政机制	上级政府和地方政府、政府和其他主体之间	责任和权威	主体所拥有的资源与能力
社会机制	公众和公众、企业和公众、社团和其他主体之间	合作与信任	
市场机制	所有主体之间	竞争与利益	

按照行政机制划分，管理主体的行动主要发生在上级政府和地方政府之间、政府和其他主体之间。湖泊生态红线区域分区责任管理中的行政机制，其核心是责任和权威，即管理的效率和效果关键取决于管理主体的责任意识和管理权威的确立。

按照社会机制划分，管理主体的行动主要发生在公众和公众、企业和公众、社团和其他主体之间。湖泊生态红线区域分区责任管理中的社会机制，其核心是合作与信任，即管理的效率和效果取决于主体之间是否就管理内容建立合作关系，管理主体之间是否建立起相互信任的态度。

按照市场机制划分，其行动可能发生在所有主体之间。湖泊生态红线区域分区责任管理中的市场机制，其核心是竞争与利益，即管理的效率和效果取决于现有的市场能否提供一种有效的竞争环境并提供必要的利益保障。采取市场机制进行管理的理由在于主体对于管理内容没有太激烈的冲突，各方的收益可在市场中进行调节，并且达到一种均衡状态。

无论从理论角度如何区分不同的主体行动机制，最终决定何种机制在管理活动中取主导作用的关键要素却是相通的，即取决于主体所拥有的资源与能力。

第三节　武汉市湖泊生态红线区域分区责任管理现状分析

一、湖泊生态红线区域分区责任管理的特点

（一）以适应性管理理论为基础确定湖泊管理原则

适应性管理是以社会、经济和生态系统综合效用的最大化为目标，探究将自然和社会系统相结合，使得双方受益的一种管理方法。不论是自然

生态系统还是社会系统，都是不断发展变化的，适应性管理强调人类对不断变化着的自然生态系统的认识适应，强调人类社会和自然生态的共存。社会、经济和生态环境都是不断发展变化的，随着时间的推移，既定的管理措施可能会渐渐偏离预期目标，这就需要对其进行不断的监测评估和调整，从而不断适应外界环境的变化。对于湖泊红线区域的管理，在明确目标的基础上，还必须对实施过程和效果进行评估，以便及时发现问题，并对可能出现的问题做好预案，调整目标和实施方案，从而适应外部环境的变化。因此，在确定管理原则时，要充分考虑生态系统与社会系统的动态性、生态系统与社会系统的交互性等问题。

（二）以生态系统性为依据确定湖泊管理边界

以生态保护为目的的湖泊红线区域管理关注湖泊生态系统结构和机能的相对完整性，强调依据情况，重新划定边界，科学地确立生态红线范围，改变以往仅仅按照行政区域划分确定管理范围的机械式做法。现行的管理模式，因为是按照行政区域划分，而对于某些跨区域的湖泊，可能会涉及多个地方政府，从而出现多个管理主体，而这些管理主体可能属于不同的区域，往往会各自为政，只关心自己所管辖区域内的湖泊现状和保护治理，不利于区域内湖泊的整体治理保护和生态建设。生态系统是一个整体，湖泊生态系统更是与陆地、水生动植物之间存在着密切关系，只要其中某一部分受损，都会对整个湖泊生态环境有或多或少的影响，因而必须从整个生态系统着眼，确立管理政策，保证湖泊管理的规范科学。

（三）以长远目标为驱动确定湖泊管理模式

由于红线区域生态系统的开发利用具有不同的时间尺度和滞后效应，湖泊红线区域管理的目标要具有长远性和系统性，不能只顾眼前利益，应从长远的角度出发，在考虑现状，满足当代人需求的同时，也要考虑后代人的需求，坚持可持续发展的道路，同时要根据湖泊生态红线区域现状和问题，有针对性地制定具有阶段性的目标，将长远性和阶段性目标相结合，更好地实现对湖泊的分区责任管理。

（四）以合作参与为导向确定湖泊管理方式

湖泊红线区域管理是一种"自下而上"的管理模式，涉及中央和各级地方政府、湖区企业、社会公众等多个主体，以及渔业、环境保护、旅游等多个行业和部门，这些不同的利益主体、部门之间，应该通力合作，通过协调各方利益，实现合作，并在合作的基础上实现利益共享。因而在湖泊生态红线区域分区责任管理的框架设计上，强调共同参与、相互协作，实现各方利益的协调统一。此外，由于湖泊的管理涉及多部门、多学科，因而也应鼓励各部门以及各学科专家积极参与、分工合作，为湖泊的保护管理建言献策。

二、湖泊生态红线区域分区责任管理的法律依据

（一）国家级法律依据

1.《中华人民共和国环境保护法》

《中华人民共和国环境保护法》第二十条指出建立跨行政区域的生态协调机制，实行统一的规划监测以及防治措施，为以生态边界为基础的区域管理提供了依据；第二十九条规定在重点生态功能区、环境敏感区和脆弱区划定生态红线，对特定区域予以保护，施行严格的管理措施，这项条款不仅为划定生态保护红线提供了法律依据，而且界定了划定的基本范围，城市湖泊从其特性上讲，应属于重要的生态功能区，也应予以相应的重点保护。

2.《中华人民共和国水法》

《中华人民共和国水法》对湖泊的保护与使用做了原则性的规定，其中从生态功能整体性对湖泊进行管理的规定体现如下：

第四条 "开发、利用、节约、保护水资源和防治水害，应当全面规划、统筹兼顾、标本兼治、综合利用、讲求效益，发挥水资源的多种功能，协调好生活、生产经营和生态环境用水" 规定湖泊的资源利用与水害防治都要做到科学合理、统筹兼顾，保证社会、经济与生态环境协调发展，促进人与自然和谐统一。

第十二条提倡流域管理与行政区域管理相结合，将流域管理作为解决行政边界与生态边界矛盾的一种管理体制；第十五条则指出 "流域范围内的区域规划应当服从流域规划，专业规划应当服从综合规划"。行政区划破坏了湖泊的生态完整性，这里规定区域管理要服从流域管理，强调了流域管理的地位，对于保护湖泊生态完整性有一定程度的帮助。另外，湖泊管理涉及多部门，这里为多部门合作管理湖泊生态红线区域提供了依据。

3. 其他国家级立法

《中华人民共和国渔业法》《中华人民共和国水污染防治法》《水功能区管理办法》等一系列国家级法律中，相对在各自领域都制定比较详尽，都有对水资源保护和监管职责的一些规定，而且都有对跨行政区水资源管理规定，这些规定是政府在湖泊生态红线区域管理实践中非常重要法律依据。

（二）地方级法律依据

1. 各地方的法规及相应的规章制度、规划

随着各地方政府对生态红线保护的日益重视，制定相关的政策、规章也都提上日程，如江苏市制定的《江苏省生态红线区域保护规划》、福建省制定的《福建省生态功能红线划定工作方案》、沈阳市制定的《沈阳市生态保护红线管理办法》、天津市制定的《天津市生态红线用地保护红线划定方案》、深圳市制定的《深圳市基本生态控制线管理规定》、广东省制定的《广东省城市生态控制线规定工作指引》等，这些行政政策和规章

基本都将湖泊划入了生态红线区域，部分也涉及了相应管理措施。总体而言，上述有关生态红线保护规划的文件，大多都只是明确了生态红线管理的重要性，但是具体如何去落实管理却缺乏实质性的内容。

2. 湖北省的相关法规

湖北省制定的《湖北省湖泊保护条例》已有类似湖泊生态红线区域管理的相关规定，其中第二十条确立了湖泊的保护范围，规定包括湖泊保护区和控制区，其中保护区包括湖堤、湖泊水体、湖滩等区域，控制区则为保护区外围划定的，原则上不少于保护区外围 500 米的范围；此外，第二十八条规定县级以上政府水行政主管部门会同环保、农业等部门根据湖泊生态保护需要确定湖泊的最低水位线，设置最低水位线标志。属于红线管理范畴。

3. 武汉市的相关法规与规章

武汉市作为湖北省省会城市，具有"百湖之市"称号。为保护湖泊，武汉市先后制定了与湖北生态环境保护相关的一系列法规规章，包括《武汉市环境保护条例》《武汉市水资源保护条例》《武汉市湖泊保护条例》《武汉市湖泊整治管理办法》《武汉市城市饮用水水源污染防治管理办法》等，为湖泊生态红线区域管理机制的建立打下基础。如《武汉市湖泊保护条例》第八条规定湖泊规划控制范围分为水域、绿化用地、外围控制范围，由水行政主管部门划定湖泊水域线，并明确保护范围和职责。《武汉市基本生态控制线管理规定》第六条规定武汉市生态控制线应与城市总体规划和生态框架保护规划相适应，划定包括湖泊在内的饮用水源一级、二级保护区、自然保护区及河流、湿地等区域为生态底线区，其余区域则为发展区。

三、构建分区责任管理的现实需求分析

政府在湖泊管理机制运行中，主要承担建立指导各涉湖主体行动的共

同准则，确立有利于稳定主体大方向和行为准则的重任，是合作网络的管理者和组织者。为履行好自己的责任，政府必须进行一系列的职能转变，以及与之相配套的一系列制度安排和行为方式的转变。对政府进行合理的角色定位，是为了更好地实行职能定位，实现其在湖泊管理中的职能转变。

（一）从"管制型"湖泊行政向"服务型"湖泊行政转变

湖泊红线区域管理特别强调协调管理，要实现这种管理机制的转变，要求政府不能再继续以"管制"的方式进行湖泊管理，而必须转变管理方式，调整自己的角色，向"服务型"的湖泊行政转变，由"管制型"向"服务型"的转变，体现着政府职能的根本性变化。传统的"管制型"的湖泊行政，限制了人们合法利用湖泊的积极性，而且产生了许多抵制和逃避湖泊政策搞湖泊开发而导致的破坏湖泊环境，危害生态系统健康的情况的发生。如何为各主体提供良好的服务，构建良好的合作环境，实现合作共赢的管理效果，应作为政府职能转变的重点。为此，政府要切实把自己定位到管理的主体和服务者的角色，重视自己作为公共产品和公共服务的提供者的角色，为各主体开发和利用湖泊提供更好的服务，为各主体的协调合作创造基础和条件。

（二）从"分散型"湖泊行政向"综合型"湖泊行政转变

传统的湖泊管理属于分散型的管理，政府没有充分认识红线区域内湖泊资源、湖泊环境的相互关联性，属于"条条块块"状的管理，缺乏综合性，各管理部门之间缺乏协调和合作。涉及某一湖泊事件，拥有管辖权的行政管理部门众多，相互之间的分工不明，职责重复或冲突，相互之间又缺乏协调和配合，互相推诿责任，争夺利益，严重危害了湖泊生态系统的健康。因此，湖泊行政管理要由"分散型"向"综合型"转变，增强自身的综合协调职能，按照湖泊生态系统的规律，各部门之间分工明确，密切配合，保证各管辖部分之间的相互关联性。同时，湖泊行政管理部门还要重视其他主体的综合利益，实现统筹协调管理，发挥自己的宣传力和号召力，综合各方面的力量和资源，克服自身的缺陷，实现湖泊红线区域的综合管理目标。

（三）从"自上而下"的湖泊行政向"自下而上"的湖泊行政转变

传统的湖泊行政管理方式注重"自上而下"的命令与控制，强调政府的权威性，一般用法律和行政的手段规制涉湖主体的活动，多采用政府直接管制的方式。这种"自上而下"的管理模式，忽视了被管理者的能动性，限制了他们的积极性，加之政府行政能力和信息获取的有限性，影响了管理的科学性和有效性。现代政府越来越重视各方的参与和"自下而上"的信息传输，要求改变原来"自上而下"的单通道管理模式，利用"自下而上"的参与尽可能收集各方信息，考虑各方主体的利益需求，通过"自下而上"的方式指导政策制定，克服政府自身的有限性，实现湖泊管理的科学化和民主化，同时，激励各方的积极性，共同致力于湖泊区域建设。

（四）从"行政统治型"的湖泊行政向"引导激励型"的湖泊行政转变

湖泊管理方式主要有三种：法律、行政和经济手段。其中，法律手段主要是通过法律法规的制定与实施，加强对湖泊的管理，对涉湖违法行为进行严惩，规范湖泊各活动主体的行为，并调解这些主体之间的矛盾，保证湖泊开发利用活动的有序进行；行政手段指国家湖泊行政管理机关运用行政手段，进行自上而下的纵向垂直管理，协调湖泊实践活动，这种管理方式具有强制性，是湖泊管理的基本方式和手段；经济手段指国家湖泊行政管理机关运用税收、财政支持、收取费用以及奖励、罚款等经济手段间接管理湖泊的手段，通过市场机制，协调各方利益，调解和规范各湖泊相关主体的行为，达到保护湖泊环境的最终目的。我国传统的湖泊管理强调政府的行政统治地位，是一种重法律手段和行政手段的行政统治型管理。这种行政管理具有强制性，湖泊管理对象往往处于被迫地位，需要强有力的监督力量才能达到管理目的。而经济手段具有指导性、激励性和多样性等特点，通过物质利益诱导湖泊管理对象主动调整涉湖生产活动，应当加强经济手段的运用向"引导激励型"的湖泊行政转变。

四、构建分区责任管理存在的主要问题分析

尽管武汉市各级政府对湖泊环境保护早已非常重视，并出台了一系列湖泊保护条例，且多次进行了完善，但是从管理的效果来看，并没有对湖泊环境的改善起到实质性的作用。构建有效的湖泊生态红线区域分区责任管理机制是我们目前面临的重要任务，但在实践中我们还面临诸多的问题需要解决。

（一）政出多门，法规制度体系和管理体系分散

目前，武汉市的湖泊管理属于分级与分区相结合的管理体制类型，管理还处在条块分割、单项管理、分散执法的状态，水行政、城管、环保、农业、公安等部门都在管理。随着湖泊资源利用活动的进行，各涉湖部门间的矛盾越来越严重。另外，在湖泊管理体制中地方政府之间也存在跨区湖泊管理的诸多矛盾，而且地方湖泊管理部门的职责权限也不够明确，争着管和无人管的现象并存，都从本部门本地区的利益出发，缺乏相互协调的全局观念。以湖泊环境执法为例，湖泊管理局、城管执法队、渔政、公安等湖泊执法队伍分属于水务局、城管局、农业局、安全局等部门，相互之间缺乏协调机制，不能形成合力。而且，在同一区域内执法队伍的重复建设也加大了管理成本，造成了极大的资源浪费。湖域内统一的组织协调能力薄弱，对湖泊红线区域管理的实现构成了巨

大的障碍，致使区域内各部门各自为政，造成了湖域管理的混乱。这都不利于湖泊红线区域管理的有效实现，这种以部门和产业为主的分散的湖泊管理，如不改变将继续破坏湖泊环境，危害湖泊生态系统的健康。

（二）生态红线区域与行政区划不匹配

实施湖泊红线区域管理的最大障碍是基于生态系统的湖泊红线区域管理的范围和基于行政管辖权的区域范围之间的相互不匹配，即红线区域与行政区域的矛盾。我国的湖泊管理的分区都是基于政治因素，依据行政管辖权的划分，这种划分更注重的是人类的活动和需求，而没有充分重视区域湖泊生态系统的各组成部分间的相互作用，没有充分考虑到人们对自然系统的不合理的划分和不协调的利用，会导致自然系统的衰退而不能继续为人类提供有价值的产品和服务。这种人为的行政管辖区域的划分，导致人们对湖泊的开发利用只局限于自己的"势力范围"以内。首先选择部门的管理方法，考虑部门的利益，而不考虑对相关联的系统内其他要素的影响，以单一的部门法规解决单一的问题。湖泊所具有的跨地区、跨行业、跨部门特征，以及涉及多产业、多学科、多领域的大系统特征，需要按照生态系统的特征进行划界和管理，在系统内部进行协调一致的管理，而现行的行政划界不符合这一要求，缺少综合的、系统的管理，造成了对湖泊的无序开发和利用，严重损害了湖泊环境，破坏了湖泊生态系统的健康，影响了湖泊的可持续开发和利用。

（三）地方政府的非正常干预

武汉市人民政府设立的水行政主管部门，被赋予了湖泊管理的职能。《武汉市湖泊保护条例》规定："市人民政府对本市湖泊保护工作负总责""市水行政主管部门负责全市湖泊的保护、管理、监督"。目前，地方水行政主管部门隶属于当地政府，当地政府对本地区的水行政主管部门享有领导权，这样由于部门保护主义的存在，其他更受地方重视的部门乃至地方政府本身对水行政管理部门、湖泊行业部门以及涉湖企业和个人非正常干预的情况普遍存在，这也是实现湖泊红线区域管理的极大障碍。受传统思想的影响，地方政府往往把本地区的湖域作为自己"势力范围"的一部分，在"获取政绩"的目标驱动下，出台了一些违背湖泊发展规律的决策，并为获取利益而对一些违法的用湖案件进行包庇、祖护，利用行政特权为湖泊执法过程设置障碍，妨碍跨行政区域的湖泊生态系统的协调发展。例如，地方政府为了本地区的利益，往往会利用自己的权力对本地区的违法用湖的企业进行包庇，对严重危害湖泊环境但却能带来巨大利益的企业宽大处理，对于重大湖泊工程的审批也不按照严格的法律、法规进行，造成了地区间为了争夺湖泊权益的激烈竞争，而完全不顾湖泊生态系统的承受能力。

（四）湖泊管理权的分离与湖泊综合法规的缺失

湖泊生态红线区域内的沿岸陆地也是重要的子红线区域，尤其是湖岸带地区，具有湖陆过渡的特点，是湖泊与陆地交互作用的敏感地带，并且作为自然生态系统，其从区域上讲是一个相对完整且独立的体系，各子红线区域之间具有相互关联性和不可分割性，是一个有机的整体，而由于历史因素以及认识上的不足等原因。在我们利用湖泊的过程中，却忽略了这一整体性，将湖泊与陆地的管理权处于完全分离的状态，湖陆间开发利用的法规、政策、方法等都缺乏有机的联系和有效的协调，有的甚至存在相互冲突的方面，这大大增加了区域管理的不协调因素，使得区域的发展规划、湖泊功能区划、水产养殖规划、旅游发展规划、环境保护规划等，在编制过程中，相互独立，各自为政，缺乏湖陆一体化统一的管理和协调，从而可能出现不一致甚至导致相互矛盾的情况。这些问题产生的原因主要是由于缺乏相关的综合性法律法规的支持，我国现行的有关湖泊管理法律法规中，涉及湖陆综合管理的法律法规几乎空白，各单向法规相互之间缺乏联系，存在重复、空白甚至相互抵触的现象，实现其有效的协调十分困难。特别是湖泊的基本性法规还有缺失，湖泊综合管理的法律制定与出台很难，步伐很慢。如果没有强有力的湖泊法律法规的支撑，要有效地进行湖泊红线区域管理是很困难的。湖泊红线区域管理的有效实现，必须实现湖陆管理权的协调一致，要实现这一点，一部综合性的湖泊管理法规显得十分必要。在目前的情况下，采用湖泊红线区域分区责任管理的办法，对改善或解决上述问题，具有重要的意义。湖泊红线区域分区责任管理可以提供一种机制，为以生态系统为基础的管理活动提供机构支持与制度保障，改善区域内中央政府部门之间的协调，以及上级政府部门和地方政府部门之间的协调；红线区域湖泊管理还有利于改善区域内地方政府之间在湖岸带和湖泊资源管理方面的协调，增加利益相关者参与决策和提供意见建议的机会，开展"自下而上"的管理，促进管理目标的实现。

第四节　武汉市构建湖泊生态红线区域责任管理机制的构想

一、分区责任管理的组织机构

管理机制的运行要依靠具有管理功能的机构，机构的设置是管理机制有效发挥作用的前提和基础。在管理网络中，政府作为规则的制定者，有责任和义务为管理运作提供组织环境，在我国这种公民社会极不发达的背景下也只能采取政府主导的方式建立相应的管理组织。建设湖泊红线区域责任管理机制的组织机构，需要从两个方面入手：一方面要加强湖泊管理系统内部的管理机构建设；另一方面是由政府牵头建立多主体合作管理机构。

（一）构建市政府主导的委员会管理模式

湖泊红线区域管理所产生的问题，很大程度上是来自横向信息的不对称，各涉湖部门和企业各自掌握着对自己有利的信息，追求自己利益的最大化，从而造成了利益的不协调，甚至利益冲突。湖泊红线区域的复杂性要求建立有效的协调组织，应对各种不确定性的区域管理问题，而委员会式的协调管理组织为红线区域管理机构的建设提供了一种有效的组织模式。

1. 委员会式的管理模式

委员会的组成是在湖泊红线区域内同级政府的横向管理与上级部门的纵向管理的基础上，对纵向管理与横向管理人员及职能进行重组的过程。它是由湖泊红线区域相关地方政府与上级政府共同组建的组织，并赋予必要的职权来对整个红线区域的湖泊相关事务进行管理，协调和处理跨行政区域的事务，如湖泊环境污染、湖泊资源有序利用等。这种新的组织架构和管理模式具有一定的法定职能，能够实现红线区域内各方信息充分交流、利益均衡，它在客观上为实现区域内不同利益主体之间的利益均衡创造了一个讨价还价的空间，并达成法律化、可执行的协议。

委员会式的管理模式要求既要有上级政府的参与，也要有下级各地方政府的支持与配合，对于湖泊生态红线区域管理机构的建设具有是重大的借鉴意义。这种管理模式将同级各地方政府的横向管理与上级政府部门的纵向管理相结合，减少了制度变迁的阻力，为更好地实现管理目标，以及上级和各不同区域地方政府自身利益的最大化创造了条件。委员会是红线区域协调管理机制建设的重点和难点，委员会的组建应该由各级政府、湖泊相关管理部门、企业、科研单位、社会公众等利益相关者的多方参与，避免出现权力集中、利益冲突等现象，其次，建立湖泊生态红线区域管理委员会，还应明确其管辖范围，尽可能与湖泊生态红线的范围相一致，最后，其建设还可借鉴国内外美国的北美五大湖委员会等区域协调机构的建设等相关实践经验。

2. 我国湖泊红线区域管理委员会的框架

根据我国的实际，我国湖泊红线区域管理委员会的框架包括以下几个方面：

（1）委员会组成

参照相关经验，依照我国湖泊管理的实践，武汉市的湖泊区域管理委员会（以下简称委员会）应由市内的湖泊主管部门（水务局）牵头，其他成员包括各区湖泊管理部门的代表、涉湖行业部门的代表、湖泊科研人员、涉湖企业代表和公众代表等。委员会组成包括决策分委会、管理分委会、监督分委会、冲突仲裁分委会、科技咨询分委会、公民咨询分委会、财政计划分委会等。

（2）委员会的职责

委员会的主要职责是：协调各主体间的关系；达成一致的湖泊开发和利用的意见，制定一致的湖泊红线区域规划和行动计划；研究和制定有关区域利益问题的政策；促成委员会成员间及与其他湖泊区域委员会之间的信息共享。

（3）委员会的运行原则

委员会共同遵守的原则关系到工作的方方面面，这些原则应包括：红线区域可持续发展原则；各成员意见一致、共同行动原则；与全国的湖泊政策相一致的原则；湖泊生态系统完整性原则。

3. 我国湖泊红线区域管理委员会在运行过程中需要注意的问题

在遵守以上运行原则的基础上，武汉市湖泊红线区域管理委员会在运行过程中还需注意以下问题：

（1）委员会的政策制定必须坚持公开公正的原则，充分考虑政府、企业、社会公众等湖泊各利益相关者的意见建议，协调各方利益；

（2）湖泊红线区域规划和相关政策需要在全面综合地认识湖泊资源、功能、现状的基础上制定，并且内容应详细具体，操作性强，形成具有实际指导和实践意义的方案；

（3）委员会的运行要遵循可持续发展原则，协调生态环境保护、资源管理和社会经济发展；

（4）委员会应该积极大胆的进行改革，适应环境变化，明确管理职责，提高当前湖泊管理的效率和效力。

（二）强化湖泊行政主管部门的权利与权威

这方面建设主要是指提升湖泊主管机构的管理层次，增强其管理的权威性。湖泊管理系统内部，要以现有机构为基础进行适当的调整，以加强湖泊红线区域内湖泊主管机构的综合管理职能。水行政主管部门代表市政府对全市水域实施管理，各区（县）设立了地方水行政管理机构，基本形成了中央与地方相结合自上而下的湖泊管理体系。尽管水行政主管部门是代表政府综合管理湖泊事务的职能部门，其主要职责是监督管理水域使用和湖泊环境保护、依法维护湖泊权益和组织湖泊科技研究等。但由于市水行政主管部门级别不高，又缺乏湖泊综合性的基本法律制度支撑，其综合管理的职能无法开展。此外，当前负责湖泊综合管理的武汉市水务局在行政体系内不仅要受上级部门的管理和限制，而且在行政级别上与某些湖泊行业和部门相同，有时甚至还不受重视。这种行政级别和地位上受限制的现状，往往使得水务局缺乏威信，湖泊管理无法获得应有的地位认同。此外，由于没有比较健全的法律体系支撑，湖泊综合行政执法能力也严重不足，这种现状要求增强湖泊主管机构的权威，建立湖泊红线区域管理的综合协调管理机构，加强水务局建设，提升湖泊管理部门的地位，健全法律体系，赋予并保证湖泊管理部门的应有权利，加强水务执法，树立湖泊行政主管部门的权威。

（三）界定其他涉湖管理部门的职责

对于湖泊管理各有关职能部门的职责界定，武汉市出台了《武汉市湖泊保护条例实施细则》，再结合各地有关生态红线区域管理部门职责界定，拟将武汉市湖泊生态红线区域管理部门责任界定如下：

1. 环保局

对湖泊生态保护红线区域进行综合评估、评价，对生态保护红线区进行生态环境监测和预警工作，依法查处违法排放污水等行为。

2. 发展和改革委员会

负责将湖泊生态保护红线规划纳入主体功能区规划，负责红线区内项目管理。

3. 园林局

负责湖区绿化建设，形成滨湖绿化带，根据湖泊保护规划，加强湖泊绿线区域建设，对环湖绿化控制线内的违法行为进行查处。

4. 城市管理委员会

加强对湖泊水域卫生和周边建设的管理，对周边违法建设和向湖泊倾倒垃圾渣土的行为予以制止或查处。

5. 国土资源和规划局

加强对湖区建设项目的管理，对生态保护红线区内的土地利用进行监管，按照职责依法对红线内违法用地和建设行为进行查处。

6. 农业局

加强对湖区渔业水产养殖的管理，对禁止和限制渔业养殖的湖区加强监管，依法制止和查处违法进行淡水养殖的行为。

7. 林业局

加强对湿地、林地及湖泊绿地，尤其是湿地自然保护区的监管，严惩破坏湖泊湿地，对生物多样性造成不利影响的违法行为。

8. 财政局

负责将区域内生态保护补偿资金列入财政预算，并监督资金使用情况。

为进一步捋清政府及部门的环保责任，按照决策责任、执行责任、监督责任对 8 个涉及湖泊生态区域管理责任的主要部门的职责进行分类划定（见表 8-3）。

表 8-3　武汉市政府职能部门环境保护责任分类表

湖泊生态红线区域管理相关责任		水务局	发改委	环保局	城管委	农业局	园林局	林业局	国土规划
水域	水污染源管理	△◇○	△	△◇○					◇
	水环境质量监测与公开	△◇		△◇					
	水污染治理	△◇○		△◇○					
	涉湖项目环境影响评价	○		△◇○					
	水生生物养殖与保护	△○				△◇○			
	湿地生态修复	△◇○						△◇○	
	涉湖项目建设监管	△◇○		△◇○					
陆地	产业结构调整	△◇○	△○						
	地址环境保护			△◇○					△◇○
	环境生态防护林、水源涵养林工程建设	△◇○					△◇○	△○	

续表

湖泊生态红线区域管理相关责任		水务局	发改委	环保局	城管委	农业局	园林局	林业局	国土规划
政策及制度建设	湖泊生态红线区域管理基本制度	△ ◇ ○		△ ◇ ○					△ ◇ ○
	区域管理相关规划、计划	△ ◇ ○	△	△ ◇ ○	△ ○	△ ○	△ ○	△ ○	
	资源保护与节约	△ ◇ ○		○		△ ◇ ○			
	湖泊生态保护宣传	△ ◇ ○		△ ◇ ○					

（注：△：决策责任　◇：执行责任　○：监督责任）

（四）构建涉湖多行政区域合作模式

某一湖泊生态红线区域相关各行政区域共管该区域模式如下：

1.建立涉湖各地规划和管理的综合决策机制

其主要内容应包括重大决策环境影响评价，环境与发展科学咨询、部门联合会审，基础设施建设项目"三同时"①，同时应有利于可持续发展的资金保障、环境与发展综合决策的公众参与、可持续科研开发和成果推广、湖泊保护目标管理与考核奖惩、重大决策监督与责任追究等方面。此外，各地的管理规划应与本地区域环境相适应，科学确立治理总量目标，然后依据情况，将指标分配到各个污染源。调整各地的工业布局，要求实施共同的产业导向政策，这将使湖泊红线区域调整经济结构和转变增长方式真正成为现实可能。

2.湖泊的信息互通机制

各地水情联合监测机制是跨行政区湖泊管理的前提和基础，交界水质联合监测机制有三种实现形式：第一，各方环保部门联合建立交界水质自

---

① "三同时"制度是指新建、改建、扩建的基本建设项目、技术改造项目、区域或自然资源开发项目，其防治环境污染和生态破坏的设施，必须与主体工程同时设计、同时施工、同时投产使用的制度，简称"三同时"制度。

动监测站。具体监测事宜由上级环保部门牵头、各方商定合作，按照国家技术规范实施，并且将监测结果通过政府官方网站等多种形式渠道向社会进行公布。第二，政府聘请水质监测员，并赋予其一定的权利。监测员的职责主要包括以下两个方面：首先，在没有设置自动监测站的交界处提取水样，进行化验检测；其次，对湖区周围水污染企业的排放情况进行监测。第三，水务局实施的交界水质监测工作。

另外，涉湖各地之间应建立信息互通机制，实现湖泊相关信息主要是以下四个方面信息的互通：一是涉湖企业的相关信息，包括名称、性质、主要排放的污染物及排放量等情况；二是各地各部门实施湖泊管理的基本情况，包括进程、取得的成效以及问题；三是在一方要求获取相关动态信息时，另一方要积极主动地提供帮助；四是涉湖企业环评信息的互通。由此可见，信息互通机制的建立必须破除地方保护主义的陈旧观念，必须树立区域合作发展的新理念，必须树立守法诚信的新理念。

3.建立各地湖泊红线区域联合执法机制

建立湖泊红线区域联合执法机制，加强有关部门和地区之间的合作，对湖区周边相关企业进行执法检查，督促企业达标排放。首先由各方有关部门提供红线区域范围内涉及的企业名单、生产规模、污水处理能力、排放去向、排污申报等信息、资料。在此基础上，再由各部门共同商议确定企业名单，并且对列入名单的企业依据相关法律法规进行联合检查。其次，还应逐渐建立各地合作管理湖泊生态红线区域的生态补偿机制，在各区域主要水域交界处设立水质自动监测站，由湖泊红线区域管理委员会根据生态红线区域管理规划确立处境与入境水质的允许差值，然后上级监测部门联合相关部门进行考核，将监测站的监测数据与标准进行对比，如果达到标准则可视为湖泊环境保护合格，此外还要将出境和入境水质进行对比，若出境水质优于入境水质，则下游区域应给上游以补偿，反之，则应由上游区域补偿下游区域。

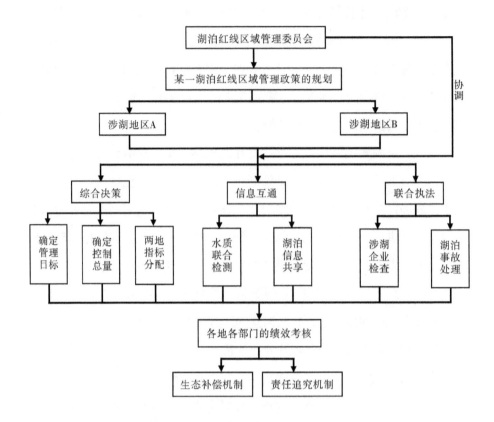

图 8-3　两地区共管湖泊生态红线区域

二、分区责任管理的运行机制

在完成了组织的设置和职能分配以后，管理机制就具备了基本的运行条件，但是要想实现各主体的有效协调，还需要有一定的运行规则，下文将着重从决策、协商、利益协调和社会冲突的解决四个方面进行论述。

（一）决策机制

管理本身就与决策密不可分，正如西蒙所说："管理就是制定决策"。对于湖泊生态红线区域管理而言，如何解决当前湖泊面临的具体问题，如何进行职责、权限和管理范围的划分，都是一种决策。这些决策关乎湖泊未来的治理成效和环境质量，因而决策机制的构建对于湖泊分区责任管理是十分重要的。

1. 打破原有的行政边界，在湖泊生态红线区域范围内进行决策

原有的按照行政边界直接划定湖泊管辖边界的做法容易造成各行政区域主体各自为政，都从各自利益出发，而忽视湖泊整体生态环境，不利于湖泊当前问题的解决和整体生态环境的保护。湖泊区域的社会经济、生态环境保护可能涉及若干个地方政府、职能部门，以及众多企业和社会公众，相关的利益主体众多且复杂，并且跨越一定的行政边界，要求建立以生态红线区域为基础的管理决策体系，从而使得红线区域范围内有关企业和公众也能够有效参与决策，使得不同利益主体的意见和建议都能够得到充分表达，并且最终达到协调一致。

2. 加强知识储备和信息畅通，提高决策的科学性

在湖泊生态红线区域内的多主体决策，为政府综合管理机构增加了新的责任，需要收集信息和改进认识，以提高决策的科学性。科学的管理决策是以一定的知识储备和信息掌握为基础的，因而，在湖泊生态红线管理体系中，各主要主体尤其是政府部门要加强知识储备，为科学决策奠定基础。此外，应该调整现有的分别以各部门为基础的研究和检测项目，转变为以湖泊生态红线区域这个整体为基础的研究和检测，并且增加观测等基础设施和数据库管理方面的投资，保持区域内信息交流渠道的畅通，从而有利于全面地获取整个红线区域湖泊信息，将科学信息纳入决策机制，解决当前湖泊区域的主要问题。

3. 改变政府的决策思维，由功利决策转变为全面决策

即便我们建立了多元化的决策主体结构，也并不能一定保证决策的科学性。政府作为湖泊生态红线区域管理的主导主体，要保证管理决策的科学效性，还必须建立政府科学正确的决策思维方式，重视政府决策思维方式。就实际中的湖泊生态红线区域管理中的决策而言，建立政府科学的思维方式，还要转变当前普遍的功利主义决策思维。

过去很长时间里，由于湖泊的管理直接按照行政区域划分，各区域政府和部门都从各自本地利益出发，以实现自身利益的最大化作为决策目标，从而往往忽视了湖泊的整体生态环境。这种功利性决策思维和不科学的决策目标产生了许多错误的决策，造成了对湖泊资源的过度开发利用、加重了湖泊污染，破坏湖泊生态环境，并且还加剧了各主体之间的矛盾，不利于湖泊整体规划和保护。因而实现科学决策还必须从根本上转变观念，从整体和大局利益出发，立足于整个红线区域生态系统，进行全面决策，从根本上保证决策的科学性，为各部门利益的协调提供基础和保证，从而解决矛盾冲突，从整体上保证湖泊红线区域的可持续发展。为了达到这一点，政府部门要开展广泛的宣传教育，提高人们的科学用湖意识，加强各部门的全局观念，为科学决策创造良好的思想环境。

（二）协商机制

湖泊红线区域管理的协商是立足于管理机制为涉湖各方所提供的相互沟通交流的平台，使各主体在对话、谈判中来化解冲突，逐步取得共识，达成协议，最终求得利益分享，达到"双赢"的目的。与湖泊区域管理体制中的政府行政管理运作机制不同，湖泊红线区域管理机制的参与者，除了各级政府及政府内的各有关部门之外，还包括湖泊红线区域管理的研究者、涉湖企业和民众团体等。这些主体之间利益诉求不同，其所组成的机构组织的运作模式也不尽相同，他们之间的协商沟通既可以通过官方名义和渠道来实现，也可以依靠松散的民间非正式渠道来实现，目前主要有以下三种协商机制：一是由承担一定行政职能的湖泊红线管理委员会负责拟订规章、政策、规划，协调开发建设和执法监测检查等活动；二是由政府湖泊主管部门牵头，协调水务、渔业、城建、土地等部门，对湖泊保护工作进行统筹规划、综合管理；三是通过非官方的联席会，促进信息交流，沟通协商解决湖泊开发和保护工作中的一些具体问题。

湖泊红线区域管理矛盾及水务纠纷的协商应根据问题的状况采取逐级协商、逐渐上报的基本程序，紧急情况下可以采取先干预以停止冲突、后协商处理的方式。一般情况下，应由基层组织进行协调，调解失败的情况下再进行上报，由政府间协调组织出面，组织专家在实地调研讨论的基础上给出一个矛盾解决方案，进行再次协商，若仍不能达成协议，则再次上报上级部门进行调解。

（三）利益协调机制

在湖泊红线区域管理中利益关系是最根本的关系，利益协调必须本着共赢互利原则、差别原则，才能提供一种利益兼容。在利益关系调节中涉湖权益分配问题是湖泊红线区域协调发展的核心问题，也是用湖冲突和地方保护主义产生的根源所在。利益协调既可以成为红线区域发展的动力，也可能成为红线区域发展的阻力，而其中最关键的问题是互惠互利的利益调节机制能否得以建立并得到健全。目前湖泊管理中出现的种种问题几乎都与按行政区划确立管理范围从而造成各自为政的局面有着直接的关系。因而，为了贯彻湖泊整体保护目标，保证红线区域整体的发展和整合，必须建立利益协调机制，对相关涉湖主体的经济利益损失给予补偿，红线区域管理中可能出现的各种阻力。建立利益协调机制主要包括两个方面：一是事前协调的利益分享，创造区域内一个公平的竞争环境，使各区域具有同等的发展机会和权利，各主体之间分享湖泊利益；二是通过事后协调的利益补偿，主要是通过生态补偿来实现。湖泊红线区域管理机制运行中的利益协调程序如下图所示：

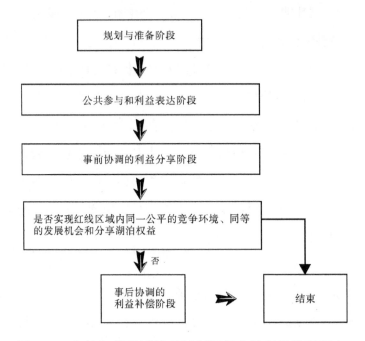

图 8-4　湖泊红线区域管理机制运行中的利益协调程序

1.规划与准备阶段

涉湖利益相关者分析，即政策制定和执行涉及哪些利益主体；利益矛盾分析和评估，即湖泊问题涉及的利益冲突是否具备协调的条件，相关利益各方是否具有协调外的其他更好选择。在本阶段，还要根据问题情景选择合适的共赢模式[①]。

2.利益表达阶段

主要是为利益相关者提供各种渠道，表达各自意见和建议。本阶段主要涉及两个方面，一是提供信息沟通和表达渠道，促进利益表达，并且为需要帮助的弱势群体提供帮助和专业支持，促进各方表达利益诉求；二是对各方的利益诉求以及观点意见进行整合，以初步清理矛盾焦点，为后续

[①]　黄子建、申永丰：《和谐社会视角下公共决策利益协调机制的优化》，《求索》2006年第 6 期，第 166-168 页。

利益博弈提供基础。

3. 事前协调的利益分享阶段

在各方利益诉求得以表达的基础上，寻求各方利益的协调，求同存异，在组织者的引导下减少和消除矛盾冲突，实现共赢。

4. 事后协调的利益补偿阶段

实现对经济利益受损的主体或地区，给予资金上或者政策技术支持上的补偿。

（四）社会冲突解决机制

社会公共管理涉及的主体众多，为了追求各自利益的最大化，各利益主体之间难以避免地会产生矛盾冲突。这种矛盾冲突的解决需要依靠社会成员、组织等作为中间机构进行协调，在尽量不借助公共权力的条件下解决矛盾。社会冲突解决机制强调通过合作、协商解决矛盾，其理论基础是治理理论，认为依靠社会自身的力量能够有效地解决好社会问题，满足人们对公共物品的需求。

然而当前我国社会冲突的解决主要依靠由政府这一单一主体，社会组织尚未充分发挥其应有的协调作用，成为社会冲突的有效治理主体。这种冲突解决机制存在网络密度大、群集度高等特点，应该改变这种传统的由政府公共部门主导的冲突解决机制，转为由政府引导社会组织逐渐参与进来，并且逐渐放权给社会组织。一方面，通过社会组织拓宽信息沟通渠道，实现矛盾双方信息堆成，促进矛盾的解决；另一方面，通过各种社会组织进行调解，形成一道缓冲层，将矛盾冲突所产生的危害降低到最小。由于政府和社会组织有不同的结构形式和特点，二者各有所长，这种形式不仅能够加大社会公众、组织对于公共事务的参与力度，而且可以弥补政府部门在治理过程中可能出现的行政化色彩过重等不足，促进冲突的有效解决[①]。

湖泊生态红线区域涉湖主体众多且繁杂，更应该引入社会组织，参与湖泊事物监督管理，建立政府与社会组织相结合的社会冲突解决机制，鼓励各方积极参与和表达利益诉求，通过协商谈判等方式达成统一意见、方案，协调各方利益，解决矛盾冲突。

三、分区责任管理的保障机制

在组织机构和运行规则得以建立并逐渐成熟的基础上，分区责任管理机制便有了基本的运行条件和平台，但是对湖泊生态红线区域进行分区责任管理，涉及众多主体，较为复杂，管理难度较大，要想加强管理，促进规范化建设，还必须建立一定的保障机制，以协调各方利益，保障组织的规范运行。

（一）会议协调制度

湖泊生态红线区域因为涉及不同利益主体和区域，这些不同主体和区域之间因为有着不同的利益诉求，难免会产生矛盾和冲突，这种情况下就需要会议协调制度，作为表达各方利益诉求，协调利益，避免和解决矛盾冲突的重要手段。此外，会议协调制度的建立还需要对会议的内容范围、召开条件、章程、与会代表等做出具体规定，减少和避免不必要的会议，提高会议效率。

（二）临时管理组织设立制度

为了管理的需要，有时需要在红线区域内针对具体的问题，设立类似针对某问题的临时委员会的临时管理机构。同时临时管理组织的设立还需要进行规范和制度化，对设立的条件、形式、职责以及解除撤销机构的条件、解除后的人员去向等一系列具体问题进行规定，在保证其有效运作的同时，也要避免出现机构臃肿、撤销难等现象，在保证其有效运作的同时，

---

① 赵伯艳：《社会组织参与冲突管理的功能与可行性分析——基于与公共行政组织的比较视角》，《云南行政学院学报》2011年第13卷第3期，第100-103页。

充分发挥其应有作用。

（三）信息协调制度

湖泊红线区域管理涉及众多部门，并且各部门专业性均较强，都有各自优势，这种情况下，容易形成一定的知识保护，各部门间难以形成有效的沟通协调机制，实现信息共享，不利于各部门职能的有效发挥和红线区域整体保护目标和功能的实现。因此，应建立信息协调机制，对湖泊相关管理以及涉湖企业情况等信息进行公示，并在各区域各部门之间实现信息共享，相互协作，使得湖泊生态红线区域的管理机制的运作更加科学合理。

（四）协调检查制度

建立协调检查制度，对湖泊管理各相关部门的管理实施效果和影响进行定期检查考核，总结经验教训，在对所取得的成效进行总结的同时，还要对当前管理过程中存在的问题进行分析，并提出解决办法，形成具体的考核办法，督促各部门各尽其职，保证湖泊管理的有效性。

（五）问责制

从我国的整体来看，涉湖管理在取得成绩的同时还存在很多隐患，为什么武汉市规定了制度，而且制定了明确的责任目标，但在统一的检查中还会出现如此大的问题，原因就在于问责机制的不完善，导致涉湖行政管理机关出现不作为甚至违法行为，隐瞒上报，最终导致武汉市的湖泊保护目标化为泡影。所以只有严格按照法律的规定推行问责制才能确保国家的湖泊生态保护目标如期实现。

（六）一票否决制

一票否决制在湖泊生态红线区域管理中可以有两种运用：一是建立"一票否决"的考核制度，二是对湖泊生态红线区域项目准入实行一票否决制。

首先，要将"一票否决"引入考核制度，只要有一项指标不合格，就对相关部门和个人进行"全盘否定"，认定整体绩效也不合格，并且对这些单位和个人取消一切评优资格①。武汉市可将湖泊管理中的重要内容，如湖泊水质、污水处理、绿化等细化成具体指标，并且对各部门职责进行分工，明确职责，按照指标内容定期对其进行考核，若结果显示一旦有一项不达标，那么则取消其一切评优资格和奖励，采取一定的惩罚措施。通过这种制度，督促各部门各尽其职，严格规范考核制度，落实湖泊保护具体工作任务。

另外，针对湖泊生态红线区域项目准入指标中重要的目标内容，例如，完成国家和省市下达的主要污染物总量消减目标任务、完成重点减排工程建设任务、减排监测体系建设运行管理达到国家考核要求、不破坏湖泊生态红线区域生态环境、污染物排放保证长期稳定达标、有效防范环境风险事故以确保环境安全等内容实行"一票否决"，违反其中任何一项则不予批准。

"一票否决"制的实施关键在于指标体系的建立，应注意以下几点：（1）绩效指标设计和权重科学合理，要重点关注区域内生态环境，不能对经济指标过度强调，经济指标与生态指标相结合，杜绝经济化倾向，保证湖泊生态红线区域的可持续发展；（2）一些地区的指标采取省下达一套，地市补充一些，进一步分解到县市区，使得考核指标自成体系，既无系统性，又无可比性，造成考核工作的疑难②。武汉市应针对湖泊生态红线区域建立系统的指标；（3）"一票否决"指标名目不宜过多，过多的绩效考核加重地方政府负担，促使形式主义盛行，地方政府弄虚作假③。只需针对有代表性的一些指标纳入一票否决指标体系中。

① 陈加乙：《"一票否决"制度研究综述》，《鄂州大学学报》2015年第3期。
② 战旭英：《我国政府绩效评估的回顾、反思与改进》，《山东社会科学》2010年第2期，第147—149页。
③ 周志忍：《政府绩效管理研究：问题、责任与方向》，《中国行政管理》2006年第12期，第13—15页。

第九章　武汉市生态红线环境管理之政策建议

第一节　武汉市湖泊生态红线管理总体思路

为了更好地实施生态红线环境管理工作，有关部门应该贯彻落实《中华人民共和国环境保护法》《中共中央关于全面深化改革若干重大问题的决定》和《国务院关于加强环境保护重点工作的意见》等相关文件的要求，根据《生态保护红线划定技术指南》等政策文件，组织开展武汉市湖泊生态红线的划定和管理工作。具体来说，应遵循以下思路。

1. **组建领导小组，明确部门分工**

湖泊生态红线的划定和管理是一项错综复杂的综合性系统工程，涉及众多部门，这项工程的完成需要一个强有力的领导小组和多个部门的分工合作。首先，挑选各相关部门的主要领导组成一个领导小组，并且下设办公室，处理日常事务；其次，建立一个由相关领域专家组成的咨询委员会，组织专家进行科学论证，广泛听取各方面意见，论证方案的可行性；最后，还要对所涉及的各个部门的职能工作进行明确的分工，对整个过程中所涉及的生态红线划定工作、生态补偿工作等都进行明确的分工，组织协调好各相关部门，提高工作效率，避免部门之间互相推诿。

2. 完善法律法规和行政考核制度

生态红线的划定和管理工作必须依靠法律来保障。目前武汉市还没有关于湖泊生态红线的具体立法，应尽快出台比较完备的生态红线政策文件，明确湖泊生态红线划定的办法和具体范围，对实施过程中所涉及的环境准入政策、生态补偿政策以及分区责任管理政策都应明确说明。明确规定环境准入的门槛，生态补偿所涉及的主客体、管理程序等具体事项。确立行为准则，依法严惩破坏湖泊生态环境的行为，实行奖惩并举。同时，推动建立湖泊生态保护考核机制，并纳入领导干部的政绩考核范围，避免一些地方政府或行政负责人员一味追求经济增长的现象的出现。

3. 加强人才队伍建设，推动科技创新

环境保护各项目标的彻底实现还需依靠先进的人才和技术。生态红线具体范围的划定，以及其他各项标准和规范的制定，都需要相关领域的专家人才的参与和支持。同时，要彻底实现湖泊生态环境的改善，还需要依靠先进的湖泊治理、节能减排等各项技术。因而，武汉市应依托众多高等院校和科研院所的条件，加强人才队伍建设和科研创新，建立武汉市湖泊数据库，实现数据的收集、整理、监测、预警及共享机制，搭建一个武汉市湖泊的管理平台，加强国际合作，开展湖泊生态红线管理以及湖泊治理领域的科学研究，使得武汉市湖泊生态红线的划定和管理科学可行，并且有强大的技术支持。

4. 以点带面，推进试点先行

湖泊生态红线的划定和管理工作涉及生态保护、产业布局乃至社会稳定等众多方面，整个工作过程牵涉众多方面，较为烦琐。为了更好彻底地划定湖泊生态红线并进行管理，可以先在武汉市内众多湖泊中选取一部分典型湖泊作为代表区域，进行试点工作，这样既有利于论证方案的可行性，探索科学合理的划分标准和方法，又能在实施过程中发现问题，从而解决

问题，为全面划定和管理湖泊生态红线区域积累经验，并提供依据。

5.建立并完善配套管理制度

生态红线工作的彻底贯彻落实需要环境准入、生态补偿、分区责任管理等一系列配套管理制度的支撑。首先，要尽快出台与生态红线相适应的环境标准，明确环境准入的门槛，实施差异化管理，在不同功能区域设置不同的准入门槛，实施不同控制指标，完善环境准入制度。其次，建立并完善生态补偿制度，明确补偿的对象，合理确定补偿标准，拓宽筹资渠道，合理分配补偿资金并加强对补偿资金的监管，根据"谁保护谁受益"的原则，调动人们保护湖泊生态环境的积极性。最后，强化分区责任管理，构建由武汉市政府主导的委员会管理模式，强化行政主管部门的权利与权威，并且明确其他涉湖管理部门的职责，构建涉湖多行政区域合作模式，构建一个以政府为核心的多元主体管理，综合运用法律、行政和经济等多种手段，统筹协调区域共同面临的湖泊发展问题，促进湖泊区域内政府及其相关机构之间和区域内各利益相关者之间涉湖行为的利益协调和湖泊生态系统的稳定及维护。

第二节　建立武汉市湖泊生态红线管理体系的具体建议

武汉市湖泊生态红线环境管理政策体系主要包括政策目标层、手段层和保障层，湖泊保护总体目标的实现必须依靠手段层，而手段层各项政策的实现需要保障层的各项措施作支撑，下面将对政策目标层、手段层和保障层具体措施分别说明和提出建议。

一、环境政策目标层

实施湖泊生态红线环境保护政策的总体目标是促进湖泊保护区域生态

环境的改善,实现可持续发展。而这一总体目标的实现,需要依靠分区目标。分区目标的设立要以《武汉市城市总体规划（2010—2020年）》《武汉市城市绿地系统规划（2003—2020年）》《武汉市"三边"（江边、湖边、山边）建设项目规划管理规定》《武汉市湖泊保护条例》等政策为依据,根据不同区域的划分和实际情况,设置差异化的分区目标。

具体环境目标的设置应坚持彼得·德鲁克提出的 SMART 原则,SMART 即五个单词首写字母的缩写。S 代表 Special,表示在设置的环境目标必须是具体的,不能是笼统的;M 代表 Measurable,即目标必须是可量化、行为化的,从而保证目标可衡量;A 表示 Attainable,即目标须是可实现的,应该符合实际情况,避免湖泊环境保护目标过低或过高;R 是 Relevant,表示相关性,即湖泊生态环境红线保护目标应该与武汉市城市总体规划等目标相关,符合国家、省、市现行的政策、法律法规及其他强制性标准的规定;T 代表 Time-bound,表示湖泊保护目标必须是有时限的,注重完成目标的时间期限。

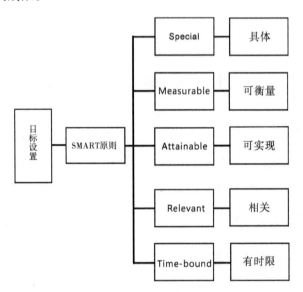

图 9-1　环境政策目标确立原则

二、环境政策手段层

1. 环境准入政策

环境准入作为从源头上预防和控制环境问题的一项约束机制，是政府根据环境准入条件对市场主体进入特定区域的特定行业从事生产和服务活动施加限制或禁止的相关制度。建立完善环境准入制度，首先最为重要的是环境准入指标的确定，即确立合理的环境准入门槛；其次，环境准入制度的建立也与环境影响评价息息相关，要规范环境影响评价的程序，提供客观的评价结果，从而为行政决策提供参考依据；第三，加强对建设项目的监管，强化建设项目"三同时"跟踪管理；第四，促进政务公开，鼓励公众参与，提高决策的民主化程度；第五，引入高科技人才，进行科技创新，彻底实现节能减排。

2. 污染防治政策

污染防治是通过总量控制的方式，对工业、生活和农业形成的面源污染进行控制，是对污染过程控制和末端治理的一种手段。首先，污染防治的重点仍是工业污染防治，应在湖泊生态红线区域内，建立健全排污许可证制度，根据排放标准，对不达标的企业采取关停、搬迁等相关措施，抓好重点行业的污染防治，全面控制污染物排放，削减工业污水排放总量；其次，对于城市生活用水的防治，应通过完善城市基础设施、加强污水处理，促进污水、垃圾处理厂等基础设施建设来控制，完善城市功能规划，改善城市水环境质量；第三，农业污染控制方面，要规模化畜禽、水产养殖污染防治的规划和监管，鼓励和引导农民减少对化肥和农药的依赖，增加有机肥的使用，防治化肥、农药等面源污染。

3. 生态补偿政策

生态补偿政策作为调节各方利益，促进环境保护和实现可持续发展的一项环境经济政策，是生态红线实施过程中的一项重要政策。对于生态补偿政策，首先要完善相关的法律，规范生态补偿的各项内容；其次要进行生态补偿管理体制改革，明确各部门职责，提高管理效率；第三，要拓宽筹资渠道，缓解资金紧张；第四，完善行政考核制度，将湖泊的治理与行政人员的政绩挂钩；第五，加大对补偿资金的监管，防止资金的滥用。

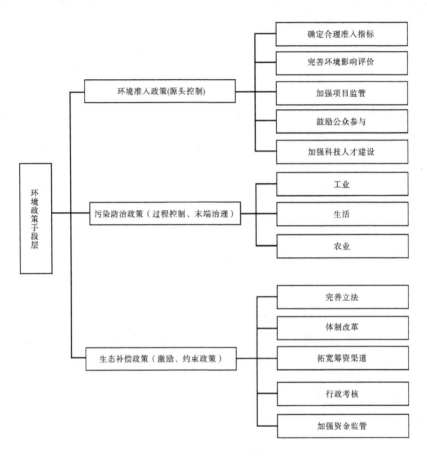

图 9-2　环境政策手段

三、环境政策保障层

1.环保绩效考核

环境准入、生态补偿等政策的落实，以及分区责任管理制度的完善和实现，需要环保绩效考核机制作为保障。针对一些地方政府或行政负责人员一味追求经济的增长，而忽视对环境的重视与保护，或者未能按规定履行上级下达的环境保护任务与目标的情况，应该建立严格的行政考核制度，将分区责任目标作为环保目标的硬性指标，纳入政府绩效考核。首先，武汉市应针对湖泊治理和管理的考核指标应包含水质量达标率、湖泊污染防治重点工程完成率，以及湖泊环境保护责任制工作完成率三个方面，将考核的内容和结果与领导干部的任免和奖惩挂钩，对未能彻底贯彻执行上级政策对湖泊进行治理改善的行政人员进行责任追究。同时，建立干部政绩绿色考评体系，实行干部任期生态红线责任制、问责制和终身追究制，加强考核监督，使领导干部视生态红线成为不敢闯的"红灯"。最后，要将考核指标纳入武汉市经济社会发展考核评价体系，责任落实到各部门、各区和主要负责人，明确各区域、各部门管理分工，促进湖泊分区责任管理机制的完善。

2. 环境信息公开

构建包括政府、市场、企业在内的全面环境信息公开制度。首先，政府作为环境保护监管最重要的主体，在制定相关的环境保护规划，以及对环境进行监测和质量调查时，理应通过官方网站、新闻发布会等多种形式和渠道向社会进行公示，保障公民的知情权并接受社会公众的监督。其次，社会公众作为主要的监督者，应积极发挥非政府组织的作用，积极参与武汉市湖泊环境的管理与监督，增强自身的环境保护意识，通过听证会、座谈会等形式，积极发表个人意见，对政府的环保政策以及企业的行为进行监督。此外，市场主要通过生产、消费、投资三个角度对各类环境政策实施效果进行影响评估，为政府的决策提供参考，并促进信息的公开。最后，企业作为政府的管理对象、市场的调节对象、公众（舆论）的监督对象，是各类环境政策执行的最大受体和污染物排放主体，应该根据法律规定，将自己的环保方针、目标，以及资源消耗和污染物排放情况等信息公之于众，接受社会监督，履行社会责任。

3. 环保资金保障

湖泊环境保护涉及众多部门，需要众多部门通力合作，这就需要充足的资金做保障，其次，湖泊生态补偿政策的实行也需要建立长效的资金保障机制。环境政策资金保障机制，主要解决资金来源、资金分配和有效利用等问题。首先，应拓宽资金来源渠道，除政府投入外，还应完善横向财政转移支付政策，并且通过鼓励社会资本投入环保事业，建立环保基金等方式，不断拓宽资金的稳定来源。其次，在生态补偿实施过程中，资金的分配上可以参考成本效益损失、生态效益、市场机制、调查研究结果等众多因素，合理分配资金。最后，资金的使用要坚持"转账核算，专款专用，跟踪问效"的原则，由武汉市财政部门在商业银行设立生态补偿资金专户，将补偿资金全部纳入专户管理，并且在使用过程中接受有关部门的监督。